라이프코드

Original German language edition:
Hans-Georg Häusel
Life Code
Was dich und die Welt antreibt
1. Auflage (ISBN: 978-3-648-14320-9)

published by Haufe-Lexware GmbH & Co. KG Freiburg, Germany. Copyright © 2020.
All rights reserved. No part of this book may be used or reproduced in any manner
whatever without written permission except in the case of brief quotations
embodied in critical articles or reviews.
Korean Translation Copyright © 2025 by Lifehacking Co., Ltd.
Korean edition is published by arrangement with Haufe-Lexware GmbH & Co. KG Freiburg
through BC Agency, Seoul

이 책의 한국어판 저작권은 BC에이전시를 통한
저작권사와의 독점 계약으로 라이프해킹에 있습니다.
저작권법에 의해 보호를 받는 저작물이므로 무단 전재와 복제를 금합니다.

라이프코드

세상을 움직이는 인간 본성의 암호를 풀다

LIFE CODE

한스-게오르크
호이젤

임다은
옮김

HANS-GEORG HÄUSEL

필로틱

이 책에 대한 추천사

2010년 말, 나는 책 한 권에 인생이 송두리째 바뀌는 경험을 했다.

그날의 기억은 아직도 생생하다. 평소 책을 가까이하는 편도 아니었는데, 나는 구석에 틀어박혀 책을 읽고 있었다. 책의 제목이 내 시선을 잡아끌었고, 책장을 넘길수록 머릿속에서는 도파민이 폭발했다.

"와…. 이건 그냥 책이 아니구나. 이제 사람들의 행동과 생각을 모두 이해하게 되겠다. 인생이 정말 편리해지겠다…. 이걸 잘 이용하면 난 부자가 될지도 몰라."

두근거림이 멈추지 않았다. 그때 친척 형이 다가와 피식 웃으며 말을 걸었다.

"웬일이냐? 가족 모임인데 갑자기 무슨 책을 읽어?"

아마 친척 형은 '책 좀 그만 보고 나와서 같이 좀 어울리자'라는 의미로 말했을 것이다. 나는 흥분을 감추지 못한 채 대답했다.

"형, 이거 진짜 한 번만 읽어봐. 인생이 완전히 바뀔 것 같아."

형은 '별난 놈 다 보네'라는 표정으로 나를 한 번 바라보고는 방을 나갔다.

그날 이후, 나는 새로운 안경을 쓴 사람처럼 세상을 전혀 다른 방식으로 보게 되었다. 이전에 이해되지 않던 사람들의 행동이 모두 이해되기 시작했다.

'저 사람은 지배 시스템이 강해서 저렇게 쓸모없어 보이는 비싼 차를 사려는 거구나.'

'지금 투자하면 확률상 큰돈을 벌 텐데…. 저 사람은 균형 시스템이 발달해서 기회를 놓치는구나.'

'저 사람이 쉽게 회사를 옮기고, 여행을 떠나며, 주말에 약속을 잡아 놀러 나가는 건 자극 시스템이 강하게 발달했기 때문이구나.'

'이 상품을 구매할 사람은 조화 시스템이 강한 사람일 테니, 광고 카피는 절대 공격적으로 쓰면 안 되겠어.'

이 새로운 관점을 장착하자, 사람들의 마음이 이전과는 비교도 안 될 만큼 명확하게 보였다. 그리고 깨달았다. 사람의 마음을 읽는 능력이야말로 모든 삶의 핵심이라는 것을! 나는 스물네 살이라는 어린 나이에 무자본으로 사업에 뛰어들었고, 현재는 1년 영업이익 20억 원에 100여 명의 직원을 둔 회사의 대표가 되었다. 저자가 제시한 '자극', '균형', '지배', '조화'라는 프레임워크는 사업 전략 수립에 정말 큰 도움을 주었다. 15년이 지난 지금도 나는 중요한 결정을 내리기 전에 '4가지 뇌 시스템 중 어느 것이 지금 나를 지배하고 있는가?'를 먼저 묻는다. 새 제품을 기획할 때도, 마케팅 카피를 쓸 때도, 유튜브 콘텐츠를 만들 때도 마찬가지다. 직원과 갈등이 생기거나 중요한 협상을 앞두고 있을 때면 상대방뿐만 아니라 나 자신이 어떤 뇌 모드에 있는지부터 파악한다. 사람들이 "뇌과학을 공부하면 뭐가 좋냐"고 물으면 나는 이렇게 답한다. "일뿐만 아니라, 연애나 인간관계가 너무나 쉬워졌습니다."

내가 항상 한스-게오르크 호이젤의 책을 인생 책으로 주저 없이 꼽는 이유는, 그가 전하는 내용이 단순한 심리학 지식을 넘어 모든 인생의 본질을 꿰뚫고 있기 때문이다. 그의 통찰 덕분에 나의 첫 책인 『역행자』 역시 65만 부 이상 판매되며 종합 베스트셀러 1위에 오를 수 있었다. 내 책 곳곳에는 저자의 뇌과학 이론에서 받은 영향이 상당수 녹아 있다. 만약 그 책을 만나지 못했다면 지금의 나는 절대 없었을 것이라 단언한다.

내가 2010년에 읽고 인생이 바뀐 그 책은 바로 『뇌, 욕망의 비밀을 풀다』다. 그러나 이 책은 아쉽게도 비즈니스에 초점이 맞춰져 있어 일반 독자들이 삶에 적용하기에는 다소 어려운 면이 있었다. 하지만 이번 신작 『라이프코드 Life Code』는 다르다. 우리의 일상과 삶의 문제에 정확히 초점을 맞췄고, 훨씬 더 실용적이면서도 이해하기 쉽게 구성되었다.

책을 펼치자마자 14년 전의 기억이 되살아났다. 외갓집 구석에서 느꼈던 그 짜릿한 전율이 온몸에 다시 퍼졌다. 전작보다 완성도가 높아졌을 뿐 아니라, 지금의 나에게도 여전히 강한 울림을 주는 인사이트로 가득 차 있다.

    이제는 당신 차례다. 부디 이 책을 통해 내가 느꼈던 가슴 뛰는 두근거림을 함께 느껴보기를 바란다. 그리고 '라이프코드'에 담긴 뇌과학적 통찰이 당신의 삶을 송두리째 뒤흔들고 새로운 차원으로 나아가게 하기를 진심으로 바란다.

2025년 8월

자청

서문

뇌과학자가 저지를 수 있는 최악의 실수

나는 내 딸을 죽일 뻔했다. 그것도 원자력 발전소의 방사능으로.

1986년 4월, 새로 구입한 캠핑카에 아내와 세 살 딸을 태우고 알프스로 여행을 떠났다. 베르히테스가덴 고원의 그림 같은 풍경 속에서 우리 가족은 더없이 평화로운 시간을 보내고 있었다. 하지만 그 평화는 오래가지 못했다. 무심코 켠 라디오에서 체르노빌 원전 폭발 소식이 흘러나왔기 때문이다. 인류 역사상 최악의 원전 사고가 발생했고, 거대한 방사능 구름이 유럽 전역을 덮치고 있다는 내용이었다. 어느 채널을 틀어도 모두 같은 소식을 전하고 있었다. 아내는 얼굴이 하얗게 질려 당장 이곳을 떠나자고 소리쳤다.

하지만 당시 서른다섯 살의 나는 세상을 데이터와 논리로만 판단하던 젊은 뇌과학자였다. 나는 아내의 공포가 비과학적이며 과장되었다고 생각했다.

"진정해. 원전은 소련에서 터졌고, 여긴 수백 킬로미터 떨어진 독일이라고!"

나는 생애 최고의 휴가를 아내의 유난 때문에 망치고 싶지 않았다. 그날의 다툼과 고성은 차마 다시 입에 담고 싶지 않다. 결국 우리는 집으로 돌아왔다. 돌아오는 내내 나는 화가 나서 아내와 한마디도 나누지 않았다.

집에 돌아온 뒤에도 분위기는 싸늘했다. 나는 아내와 성격이 맞지 않는다는 생각이 들었다. 그러던 중 우연히 켠 TV에서 긴급 속보를 보았다. 앵커는 독일 각 지역의 방사능 오염도를 나타낸 지도를 화면에 띄웠다. 그 순간 나는 내 눈을 의심했다. 내가 안전하다고 장담했던 그 캠핑장이 지도에 붉게 표시되어 있었다. 그곳은 독일에서 방사능 수치가 가장 높은, 그야말로 최악의 위험 지역이었다.

순간 등골이 서늘하다 못해 온몸의 털이 쭈뼛 섰다. 만약 아내의 말을 무시하고 그곳에 더 머물렀다면, 내 어린 딸에게 어떤 끔찍한 일이 벌어졌을지…. 나의 확신은 한순간에 부끄러움과 죄책감으로 뒤바뀌었다. 결국 옳았던 것은 나의 이성이 아닌 아내의 감정이었다. 두말할 것 없이 바보는 나였다.

그날 이후, 나는 한 가지 질문에 사로잡혔다. 왜 같은 상황에서 나와 아내의 반응은 그토록 달랐을까? 나는 명백한 위험에 대해 '안전하다'고 믿었고, 아내는 두려움에 떨었다. 그 차이는 어디서 온 것일까?

이 질문은 '세상의 모든 원리를 꿰뚫고 싶다'는 더 큰 갈망으로 이어졌다. 괴테의 『파우스트』에서 주인공은 '세상이 돌아가는 원리'를 알기 위해 악마에게 영혼을 판다. 이상하게도 그 주인공의 마음이 유독 내게 와닿았다. 나 역시 세상의 모든 이치를 알 수만 있다면 그만한 대가쯤은 치를 수 있을 것 같았다. 그랬더라면 아내와 나는 여행 중 서로 상처를 주며 다투지 않았을 테고, 더 나은 판단을 내릴 수 있었을 것이다.

그렇게 시작된 나의 여정은 1990년대 중반, 뮌헨의 막스 플랑크 정신의학 연구소에서 본격화되었다. 뇌과학 박사 과정을 밟으며 행동유전학, 신경화학, 심리학 등을 깊이 파고들었다. 더 나아가 철학과 사회학의 통찰까지 융합하여 인간의 의사결정 모델을 구축해 나갔다. 수년간의 연구 끝에 소비 심리나 경영 전략에 적용할 수 있는 책들을 썼고, 그중 하나인 『뇌, 욕망의 비밀을 풀다』가 '역대 최고의 경제서 100권'에 선정되는 영광을 누리기도 했다.

이후 대학, 기업, 단체에서 강연 요청이 쏟아졌다. 주로 경제를 다뤘지만, '머리로 하는 결정은 없다: 모든 선택은 감정'이나 '돈의 뇌과학' 같은 삶과 맞닿은 주제로 강연을 이어가게 되었다. 덕분에 나는 독일어권 최고 연사상을 수상하며, 작가뿐만 아니라 강연가로서도 명성을 얻었다. 강연이 끝나면 많은 분이 다가와 이런 말을 건네곤 했다.

"지금까지 제 의지가 약한 줄로만 알았는데, 제가 왜 그때 그런 결정을 했는지 이해하게 되었어요."

"저에게 상처를 줬던 그 사람의 심리를 알고 나니 이젠 화가 나지 않아요."

"처음에는 단순한 호기심으로 왔는데, 제 삶 전체를 되돌아보게 됐어요."

솔직히 말해, 이런 후기를 들을 때마다 꽤나 뭉클했다. 나의 연구가 학문적 이론을 넘어, 사람들의 삶에 실제로 도움이 된다는 확신이 들었기 때문이다. 그리고 깨달았다. '사람들이 근본적으로 궁금해하는 것은 돈이나 경제가 아니다. 진짜 궁금해하는 것은 따로 있다. 인간과 세상을 움직이는 더 근본적이고 보편적인 원리를 알고 싶어 한다.'

당신도 이런 질문들을 떠올린 적이 있지 않은가?

- 뻔히 후회할 줄 알면서 왜 어리석은 선택을 반복할까?
- 왜 사랑하는 연인과 매번 같은 이유로 다툴까?
- 똑같이 노력하는데 왜 어떤 사람은 승진하고 나는 제자리일까?
- 왜 우리는 "돈이 전부가 아니야"라고 말하면서도 통장 잔고에 따라 천국과 지옥을 오갈까?
- 왜 다이어트 다짐은 늘 3일 만에 무너질까?
- 내가 진짜 원하는 게 뭔지 왜 모를까?

나는 이런 질문들의 답을 찾기 위해 지난 15년간 20만 명이 넘는 사람들의 뇌 활동과 심리 데이터를 분석했다. 그리고 마침내 인간 행동과 감정의 핵심 원리를 설명하는 강력한 열쇠를 발견했다. 나는 이 열쇠에 '라이프코드'라는 이름을 붙였다. 당신도 이 책을 덮을 때쯤이면 위 질문에 쉽게 답할 수 있을 것이다.

이 책은 수십 년 연구의 결정체인 라이프코드의 모든 것을 처음으로 공개한다. 바로 당신처럼, 자신과 주변 사람들 그리고 세상이 어떻게 돌아가는지 궁금해하는 사람들을 위해서다. 이제 '라이프코드'라는 열쇠를 통해 세상의 숨겨진 진실을 마주할 준비가 되었는가?

1부에서는 진정한 '나 자신'을 발견하게 된다. 일상 속 작은 선택, 스트레스에 반응하는 방식, 쇼핑 패턴, 연인과의 갈등에서 드러나는 행동. 이 모든 것이 당신의 라이프코드를 보여주는 단서임을 깨닫게 될 것이다. 당신의 라이프코드에 맞는 직업군, 성공 전략, 심지어 돈 관리 방법까지 알게 된다. 더 이상 막연한 노력이 아닌, 정확한 자기 이해를 바탕으로 한 인생 설계가 가능해진다.

2부에서는 타인의 마음을 읽는 능력을 키우게 된다. 상사가 왜 그렇게 까다로운지, 연인이 왜 이해하기 어려운 행동을 하는지, 자녀가 왜 말을 듣지 않는지를 새로운 시각으로 바라보게 될 것이다. 나아가 서로 다른 코드를 가진 사람들과 조화로운 관계를 맺는 법을 배우게 된다. 연인 관계부터 직장, 가족 간의 갈등까지, 30년간 진행된 뇌과학 연구로 해법을 제시할 것이다.

3부에서는 세상이 돌아가는 원리를 파헤친다. 정치인들은 왜 매일 싸우는지, 우리는 왜 돈에 집착하는지, 음악 취향은 어떻게 형성되는지, 나아가 애플이 시가총액 1위 기업이 되었던 배경도 모두 알 수 있다.

이 모든 것의 핵심에는 4가지 라이프코드 시스템이 있다. 이 4가지 시스템의 조화가 우리의 성격을 결정하고, 세상이 돌아가는 원리를 만든다.

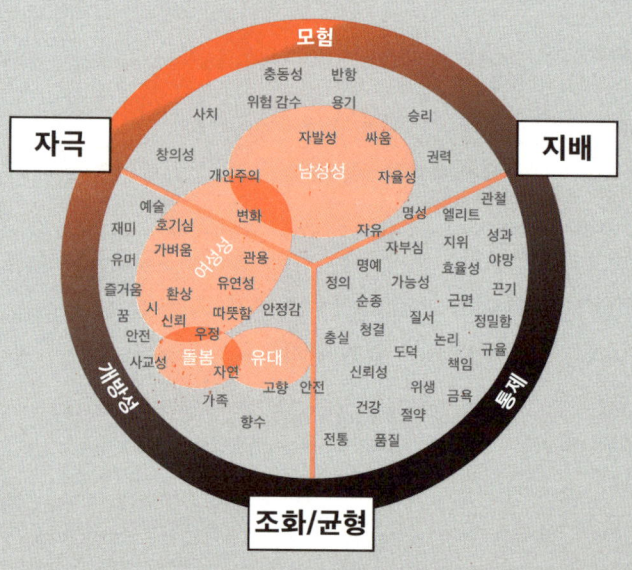

- **균형 시스템:** "안전해야 해!"라고 외치는 신중한 수호자다. 위험을 미리 감지하고 체계적으로 계획을 세우며, 안정적인 환경에서 평온을 느낀다.

- **조화 시스템**: "함께해야 해!"라고 말하는 따뜻한 연결자다. 타인과의 유대감을 소중히 여기고, 갈등을 피하며, 모두의 행복을 진심으로 바란다.
- **자극 시스템**: "새로워야 해!"라고 부르짖는 호기심 많은 탐험가다. 지루함을 견디지 못하고 변화와 모험을 즐기며, 새로운 경험에서 에너지를 얻는다.
- **지배 시스템**: "이겨야 해!"라고 다짐하는 야심 찬 정복자다. 경쟁에서 이기고 더 높은 지위에 오르려 하며, 목표를 달성할 때 강한 자부심을 느낀다.

이 4가지 목소리가 당신이 누구이며, 무엇을 원하고, 어떻게 행동하는지를 결정한다. 이 4가지가 세상을 어떻게 움직이는지는 아직 낯설게 느껴질 수 있다. 하지만 이 책에서 그 비밀을 하나씩 파헤쳐 보겠다. 당신은 인간 본성의 가장 깊은 곳까지 들여다보는 특별한 능력을 갖게 될 것이다.

이 책은 당신 손에 쥐어진 인간 사용 설명서이자, 당신이라는 복잡한 존재를 이해하는 설계도다. 자, 이제 당신의 뇌에 숨겨진 특별한 코드를 함께 해독할 시간이다.

한스-게오르크 호이젤

목차

이 책에 대한 추천사 **5**

서문　뇌과학자가 저지를 수 있는 최악의 실수 **9**

1부　무엇이 당신을 움직이는가

1장　당신의 뇌에 숨어 사는 진짜 주인 **21**

2장　누가 정말 당신의 선택을 조종하는가 **31**

3장　인간을 움직이게 하는 4가지 욕망 **43**

4장　왜 우리는 결코 만족하지 못할까 **59**

5장　액셀과 브레이크 사이에 행복이 있다 **73**

2부　우리는 왜 다르게 살아가는가

6장　나와 타인을 위한 성격 사용 설명서 **105**

7장　당신의 연봉과 병원비는 이미 정해져 있다 **137**

8장　성격 개조: 바꿀 수 있는 것과 없는 것 **153**

9장　40년 차 남편도 몰랐던 그녀의 비밀 **175**

10장	시간은 결국 모든 것을 바꾼다	197
11장	단 5분 만에 심리를 꿰뚫는 프로파일링 기술	217
쉬어가기	독일인은 겁쟁이, 미국인은 모험가?	234

3부 세상은 어떻게 움직이는가

12장	돈, 뇌가 갈망하는 마약	245
13장	당신의 지갑을 여는 보이지 않는 심리학	261
14장	왜 친구가 추천한 음악은 나에겐 별로일까?	275
15장	왜 정치인들은 늘 싸울까?	291
16장	애플은 매일, 교회는 100년에 한 번 혁신한다	309
17장	라이프코드를 이해한 당신에게 필요한 마지막 열쇠	327

참고문헌 339

감사의 말 341

# 1부

무엇이 당신을 움직이는가

1장

당신의 뇌에 숨어 사는 진짜 주인

새벽의 정적을 가르는 날카로운 알람 소리. 간신히 눈을 뜨지만, 몸은 관 뚜껑처럼 무겁기만 하다. 머릿속은 이미 아수라장이다. 이성은 "지각하면 큰일 나! 당장 일어나!"라고 외치지만, 손은 어느새 알람을 꺼버린다. 중요한 회의가 있든, 택시비가 밥값보다 더 나오든 상관없다. 결국 당신은 모든 논리를 삼킨 채 외친다.

"에라, 모르겠다! 5분만 더 자자!"

낯설지 않은 장면이다. 우리는 늘 다짐하고 이를 번복한다. 건강을 위해 샐러드를 사놓고 야식을 시키고, 지성을 쌓기 위해 책을 펼쳤다가 스마트폰을 집어 든다. 굳게 다짐한 금연은 하루 만에 무너지고, 옷장이 터져나가도록 옷은 쌓여 있지만 '입을 옷이 없다'며 또 새 옷을 산다. 더 나은 내일을 꿈꾸지만, 결국 어제의 나에게 지고 마는 셈이다.

머리로는 '안 된다'고 수없이 외치면서 왜 우리의 행동은 번번이 이성의 통제를 벗어날까? 그 이유를 설명하기 위해 흥미로운 실험 하나를 먼저 살펴보자.

당신 뇌의 진짜 주인

캘리포니아 공대와 스탠퍼드대학의 공동 연구팀은 실험 참가자들에게 완전히 동일한 와인을 두 번 마시게 했다. 단, 한 번은 '5달러'라는 가격표를, 다른 한 번은 '45달러'라는 가격표를 붙였다.

결과는 예상대로였다. 대부분이 "45달러짜리 와인이 더 맛있다"고 평가했다. 정말 놀라운 것은 그다음이었다. 기능성 자기공명영상 fMRI 으로 참가자들의 뇌를 들여다보니 비싼 와인을 마실 때 실제로 뇌의 쾌감 중추가 더 활발하게 반응했다. 혀가 아니라 뇌가 맛을 결정한 것이다. '비싸다'는 정보가 기대감을 만들고, 그 기대감이 '맛있다'는 감정을 만들어냈다.

이것이 당신이 알람을 끄고, 야식을 시키고, 충동구매를 하는 이유다. 당신의 뇌에는 당신이 모르는 진짜 주인이 살고 있다. 그 주인은 바로 '감정'이다.

이 실험은 우리가 믿어왔던 이성적 판단이 얼마나 허상인지를 보여준다. 우리는 객관적 사실에 기반해 합리적으로 선택한다고 믿지만, 실제로는 감정과 기대가 먼저 방향을 정하고 이성이 그럴듯한 이유를 덧붙일 뿐이다.

이 충격적인 주장은 현대 뇌과학을 통해 거듭 확인되고 있다. 우리가 내리는 결정의 70% 이상이 무의식적으로 이루어진다. 아무리 보수적으로 잡아도 이 수치는 50% 아래로 떨어지지 않는다. 일부 연구자는 이 비율이 무려 95%에 달한다고 주장한다.

이만하면 아리스토텔레스의 "인간은 이성적 동물이다"라는 명제를 다시 써야 할지도 모른다. 우리는 생각보다 훨씬 더 감정적인 존재다. 이성적 결정은 빙산의 일각에 불과하다. 수면 위로 드러난 작은 부분만 우리가 자각할 뿐, 거대한 감정의 덩어리가 수면 아래에서 모든 것을 좌우한다.

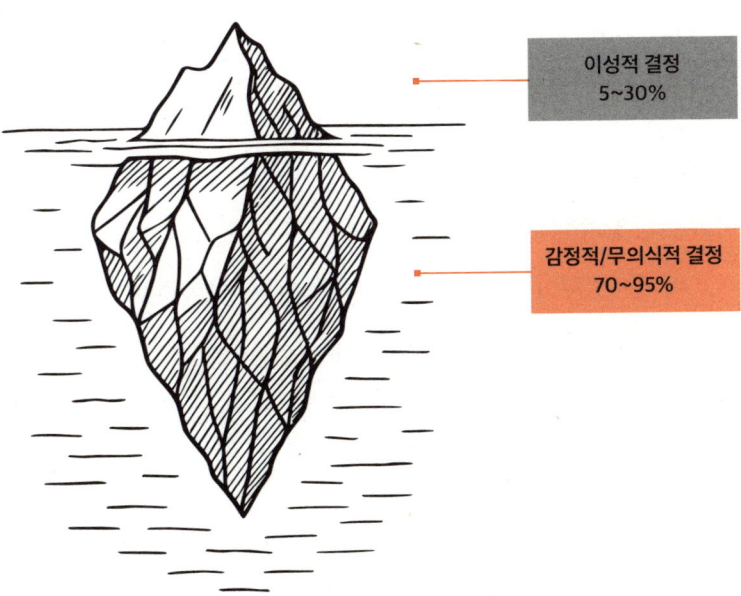

이 책에서 나는 감정의 세계가 어떻게 작동하는지 보여줄 것이다. 인간이 하는 모든 일 이면에는 수십억 년에 걸쳐 발달해온 감정 프로그램이 자리하고 있다. 이것이 바로 이 책에서 이야기할 '라이프코드'다.

라이프코드는 어떻게 작동하는가

라이프코드는 우리가 의식하지 못하는 사이 모든 것을 통제한다. 무엇을 원하고, 어떻게 행동하며, 무엇을 좋아하고 싫어하는지를 결정한다. 나아가 우리의 정체성과 삶의 방향까지 좌우한다.

이 라이프코드는 특정 사람들만의 전유물이 아니다. 세계를 움직이는 정치 지도자, 글로벌 기업의 CEO, 노벨상 수상자도 이 코드의 영향에서 자유롭지 않다. 아무리 뛰어난 지성을 가진 사람이라도 감정의 바다에서 완전히 벗어날 수는 없다.

라이프코드의 작동 원리는 놀랍도록 단순하면서도 정교하다. 바로 생명체가 완수해야 할 단 2가지 목표를 중심으로 설계되었기 때문이다.

- **생존하라!** 굶어 죽거나 잡아먹히지 않아야 한다.
- **번식하라!** 유전자를 다음 세대에 전달해야 한다.

이 2가지 목표를 달성하기 위해 라이프코드는 우리에게 '감정'이라는 신호를 보낸다.

- **생존·번식에 유리하면** → 기쁨, 쾌감, 설렘 같은 긍정적 감정을 보상으로 준다.
- **생존·번식에 불리하면** → 공포, 혐오, 고통 같은 부정적 감정으로 경고한다.

아침에 일어나 샤워하고 이를 닦는 행동을 생각해보자. 왜 이런 행동이 기분 좋게 느껴질까? 청결은 질병으로부터의 안전을 의미하며, 뇌는 이 안전 상태에 편안함과 상쾌함이라는 감정적 보상을 준다.

운전 중 누군가가 갑자기 끼어들 때 느끼는 분노도 마찬가지다. 뇌가 나의 영역과 안전이 침범당했다고 판단하면, 즉시 위협에 대응하라는 신호로 분노라는 감정을 분출한다. 이는 수백만 년 전 조상들이 자신의 영역을 지키기 위해 싸웠던 생존 본능의 현대적 변형이다.

동료에게 커피 한 잔을 사주며 느끼는 따뜻한 만족감은 어떨까? 무리 안에서의 유대감과 호혜성은 생존 확률을 높이는 중요한 전략이었다. 그래서 뇌는 타인을 도울 때 소속감과 연대감이라는 기분 좋은 화학물질을 분비한다.

심지어 우리가 가장 합리적이라고 믿는 소비 선택조차 라이프 코드의 영향을 받는다. 스타벅스 커피가 편의점 커피보다 맛있게 느껴지는 이유는 단순히 원두의 품질 때문만이 아니다. '값비싼 것은 생존에 유리하다'는 원시적 코드가 기대감을 만들고, 이 기대감이 실제 미각 경험을 향상시킨다.

당신의 하루를 지배하는 코드들

밤늦게 인적 드문 길을 걸을 때 등골이 서늘해지는 이유는 무엇일까? 바로 뇌의 '안전 코드'가 잠재적 위협을 감지해 경고 신호를 보내기 때문이다. 이는 수백만 년 전 우리 조상이 숲에서 맹수를 마주쳤을 때 보였던 생존 반응과 정확히 같은 메커니즘이다. 아드레날린과 코르티솔이 혈액으로 방출되고, 심장 박동이 급격히 빨라지며, 근육으로 혈액이 몰린다. 동시에 소화 기관은 활동을 멈춘다. 생존과 무관한 기능을 모두 차단하고, 오직 싸우거나 도망칠 준비만 하는 것이다. 오늘날 우리가 느끼는 불안과 공포는 바로 이 안전 코드가 작동한 결과다.

스마트폰 화면 위로 떠오르는 '좋아요' 알림 하나에 기분이 좋아지는 이유는 무엇일까? '사회적 인정 코드'가 타인의 긍정을 생존과 번식에 유리한 신호로 해석해 도파민을 분비하기 때문이다.

당신이 좋아하는 축구팀이 결승 골을 넣었을 때 환호하는 것도 마찬가지다. 이때는 '승리 코드'가 활성화되어 테스토스테론과 도파민이 동시에 분비되며, 기쁨과 흥분이라는 감정이 솟구친다. 사랑의 순간도 이 원리를 따른다. 특정 상대를 볼 때 느끼는 심장 뛰는 설렘은 '번식 코드'가 상대방을 '후손을 남기기에 유리한 유전자'로 판단하고, 사랑의 호르몬인 옥시토신을 분비해 당신의 이성적 판단을 마비시켜서 느끼게 되는 감정이다.

결국 당신이 무엇을 사고, 누구를 만나고, 어떤 일을 하고, 왜 기뻐하고 슬퍼하는지, 즉 인생의 모든 선택과 감정은 이처럼 라이프코드의 영향을 받는다.

라이프코드를 이해하는 것은 단순히 심리학적 호기심을 채우는 데 그치지 않는다. 이는 자기 자신과 타인, 나아가 인간 사회 전체를 완전히 새로운 관점에서 바라보게 해줄 것이다.

예를 들어, 부부 갈등의 많은 부분이 서로 다른 라이프코드의 충돌에서 비롯된다는 사실을 알면, 상대방을 비난하기보다 각자의 감정적 욕구를 이해하려 노력할 수 있다. 직장에서의 인간관계 문제도 마찬가지다. 상사의 까다로운 요구나 동료의 경쟁적 행동 뒤에 숨은 감정적 동기를 파악하면, 더 효과적으로 소통하고 협력할 수 있다.

정치와 사회 현상을 바라보는 시각도 달라진다. 논리적으로 타당한 정책이 왜 대중의 지지를 받지 못하는지, 가짜 뉴스가 왜 사실보다 빠르게 퍼지는지 이해할 수 있게 된다.

라이프코드를 이해하면 자기 자신은 물론 인간관계, 정치, 전 세계까지 주변 세상을 완전히 다른 시각으로 보게 될 것이다. 동물은 무의식적인 감정에 속수무책으로 휘둘리며 본능대로 살아간다. 하지만 인간은 다르다. 우리는 자신이 어떤 감정을 느끼는지 알아차리고 그 원인을 파악할 수 있는 존재다.

바다 위에서 돛단배를 타고 표류하고 있다고 상상해보자. 바람과 파도에 대해 전혀 모른다면 당신은 그저 운에 몸을 맡긴 채 이리저리 떠다닐 수밖에 없다. 하지만 바람의 흐름을 읽고, 항해 기술을 안다면 이야기는 달라진다. 거친 자연의 힘조차 당신을 목적지로 이끄는 동력으로 삼을 수 있다. 이 책은 바로 그 항해술을 다루는 안내서이자 '감정'이라는 바다를 건너기 위한 인간 사용 설명서다.

LIFECODE NOTE 1

1. 인간은 생각보다 훨씬 비이성적이다. 우리가 내리는 결정의 70~95%는 무의식적 감정에 의해 이루어진다.

2. '라이프코드'는 감정을 만드는 뇌의 신호다. 이것이 우리의 정체성, 욕망, 성격까지 결정한다.

3. 라이프코드를 이해하면 감정에 휘둘리지 않고 인생의 주도권을 되찾을 수 있다.

2장

누가 정말 당신의 선택을 조종하는가

자연사박물관에서 한 아이가 엄마에게 묻는다.

"엄마, 공룡은 왜 멸종했어요?"

"환경 변화에 적응하지 못했기 때문이란다."

"그럼 우리는 왜 멸종하지 않아요?"

엄마는 선뜻 대답하지 못한다. 어쩌면 인류 전체가 그 답을 유보하고 있는지도 모른다. 공룡을 멸종시킨 것이 환경 변화에 대한 부적응이라면, 스스로 환경을 파괴하고 동족을 해치며 생존에 불리한 조건을 만들어가는 인간은 어떻게 설명해야 할까? 그럼에도 우리는 여전히 스스로 '만물의 영장', '진화의 정점'이라 부르며 특별한 존재라 믿는다.

이 믿음의 역사는 깊다. 성경은 인간을 '신의 형상대로 빚어진 존재'라 선언했고, 고대 철학자들은 '합리적 사고'를 인간 고유의 능력이라며 강조했다. 이 수천 년간 이어진 믿음에 처음으로 균열을 낸 것이 바로 찰스 다윈의 진화론이었다. 다윈은 인간이 신의 선택을 받은 특별한 존재가 아니라 다른 모든 생물과 마찬가지로 생존 경쟁의 과정에서 진화해온 유인원일 뿐임을 밝혔다. 그럼에도 우리는 '인간은 동물과 다르다'는 생각을 버리지 못했고, 그 특별함의 근거를 뇌에서 찾으려 했다.

과학자들은 인간의 뇌, 특히 고도로 발달한 대뇌 신피질에 주목했다. 이성을 담당하는 대뇌가 모든 것을 통제한다고 믿었던 것이다. 실제로 인간의 대뇌는 침팬지나 고양이와 비교할 수 없을 만큼 크고 복잡하다. 복잡한 문제를 해결하고 추상적인 개념을 다루는 인간의 사고 능력은 확실히 다른 동물들보다 뛰어나다. 그래서 과학자들은 확신했다.

"인간을 인간답게 만드는 건 이성이고, 이 위대한 대뇌가 우리를 특별하게 만든다."

하지만 우리는 이미 1장에서 뇌의 진짜 주인이 이성이 아님을 확인했다. 그렇다면 인류가 수천 년간 품어온 이 굳건한 믿음은 어떻게 깨지게 된 것일까? 우리는 세상을 위계적 구조로 바라보는 것을 좋아한다. 상위에 있는 것은 우월하고, 하위에 있는 것은 부차적이거나 통제되어야 할 대상이라고 말이다. 과학자들도 이러한 시각으로 뇌를 해석했다.

과학자들은 인간을 특별하게 만든 것이 이성이라 믿었고, 특히 복잡한 사고를 담당하는 대뇌는 인간을 동물과 구분 짓는 핵심이라고 생각했다. 그래서 뇌를 일종의 회사 조직도에 비유해 설명하곤 했다.

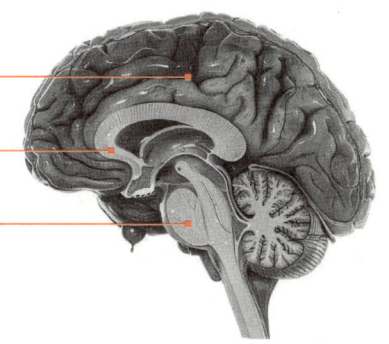

가장 꼭대기 층인 CEO 집무실에는 '이성(대뇌 신피질°)'이라는 냉철하고도 카리스마 넘치는 최고 결정권자가 앉아 있다. 중간층에는 감정을 담당하는 변연계 직원들이 일한다. 때로는 유용하지만 종종 충동적이고 비합리적이어서 상급자의 통제를 받아야 하는 부서였다. 그리고 가장 아래층에는 '본능(뇌간)'이 자리 잡고 있어 호흡이나 심장 박동 같은 기본적인 생명 유지 기능을 담당한다. 과학자들은 이 3층짜리 깔끔한 구조가 인간과 동물을 구분 짓는 핵심이라고 믿었다. 이런 관점에서 "감정에 휘둘리지 말고 이성적으로 생각하라"는 조언은 당연해 보였다. 감정은 진화의 잔재이자 극복해야 할 약점이었고, 이성만이 인간을 올바른 길로 인도할 수 있다고 믿었던 것이다.

○ 대뇌(좌우 반구)의 표면을 덮는 대뇌피질 중에서도 가장 진화된 부분이다. 고차원적인 사고, 언어 능력, 계획 수립, 문제 해결과 같은 핵심 인지 기능을 담당한다.

뇌에 대한 믿음이 산산조각나다

하지만 1990년대 중반, 과학 기술의 급격한 발전과 함께 이 오래된 믿음에 거대한 균열이 생기기 시작했다. 특히 신경과학자 안토니오 다마지오 Antonio Damasio의 연구는 이 혁명의 기폭제가 되었다. 그는 감정을 느끼지 못하게 된 한 환자 엘리엇을 만났다. 종양 제거 수술 과정에서 전두엽과 변연계의 연결 부위에 손상을 입은 엘리엇은 놀랍게도 지능에 전혀 문제가 없었다. IQ 테스트, 논리적 추론, 수학적 계산 능력 모두 정상이었으며, 오히려 평균 이상으로 뛰어났다.

하지만 그는 사소한 결정조차 내리지 못하는 결정 장애에 빠져버렸다. 점심 메뉴를 고르는 데 몇 시간을 썼고, 서류를 파란 펜으로 쓸지 검은 펜으로 쓸지 결정하지 못해 하루를 낭비했다. 감정이 사라지자, 이성은 어느 쪽이 '더 나은지' 판단할 기준 자체를 잃어버린 것이다.

이는 기존 뇌과학 이론을 뒤흔드는 충격적인 발견이었다. 이성이 정말로 뇌의 CEO라면, 감정이 없어도 더 나은 결정을 내릴 수 있어야 했다. 다마지오를 비롯한 연구자들은 fMRI 등 뇌 영상 기술을 활용해 중요한 결정을 내릴 때 뇌에서 실제로 주도권을 쥐는 것은 감정을 담당하는 변연계임을 밝혀냈다. 감정이 먼저 '좋다', '싫다'는 방향을 정하면, 이성은 그 후에 그럴듯한 이유를 갖다

붙이는 역할을 할 뿐이었다. 수천 년간 이어져 온 이성 중심주의가 무너지는 순간이었다.

인간의 모든 결정에는 사실상 감정적 동기가 개입한다. 학계는 이 거대한 인식의 전환을 감정적 전환 emotional turn°이라 부른다. 이는 천동설에서 지동설로의 전환만큼이나 혁명적인 변화였다. 감정은 더 이상 이성의 방해꾼이나 진화의 잔재가 아니었다. 오히려 모든 합리적 사고의 출발점이자 동력이었다. 감정이 없다면 이성은 작동하지도, 의미를 갖지도 못한다는 사실이 명확해졌다. 결국 이성은 왕좌를 감정의 뇌인 변연계에 넘겨주었고, 변연계는 뇌 연구의 가장 뜨거운 핵심으로 떠올랐다.

변연계는 세상을 직감으로 판단한다

어두운 산길에서 '바스락' 소리가 난다고 상상해보자. 이성이 "흠… 이 소리는 나뭇잎일 확률이 70%, 고양이 20%, 독사 10%겠군"이라고 판단하기도 전에, 변연계는 이미 경보를 울린다. 심장이

○ 20세기 후반 뇌과학계에서 일어난 패러다임의 변화를 지칭한다. 기존에는 이성이 감정을 통제하는 상하관계로 이해했지만, 실제로는 감정이 의사결정의 핵심 동력이라는 사실이 밝혀지면서 학계의 관점이 근본적으로 바뀐 것을 의미한다. 이는 마치 천동설에서 지동설로의 전환처럼 인간 이해의 기본 틀을 뒤바꾼 혁명적 발견이었다.

쿵쾅거리고, 근육은 긴장하며, 몸은 "도망쳐!" 신호를 보낸다. 이 반응은 단 0.1초 만에 이루어진다. 만약 이 순서가 뒤바뀌었다면 어떻게 되었을까? 당신은 이미 독사에게 물려 죽었을지도 모른다.

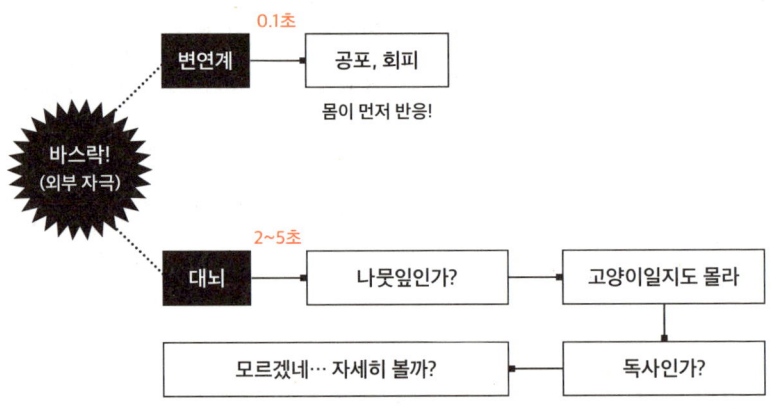

변연계의 직감은 종종 이성보다 더 나은 결과를 가져온다. 서문에서 밝혔던, 아찔했던 알프스 여행기를 기억하는가? 체르노빌과 멀리 떨어져 있으니 안전하다는 나의 그럴듯한 이성적 판단보다 아내의 왠지 모를 찜찜함이 우리 가족을 구했다. 이런 경험은 일상에서도 흔하다. 서류상 완벽해 보이는 중고차 앞에서 '뭔가 꺼림칙하다'고 느껴져 계약을 망설였는데 나중에 알고 보니 그 차에 심각한 결함이 있었던 경우 말이다. 첫 만남에서 상대에게서 '쎄한 기분'을 느껴 관계를 멀리했는데, 그 사람이 사기꾼으로 드러난 경우도 마찬가지다. 이게 바로 변연계의 속삭임이다. 이성이 모든 데이터가 완벽하다고 판단했어도, 변연계는 보이지 않는 위험을 감지해 우리에게 경고 신호를 보낸다.

변연계는 뇌 속의 거대한 경험 데이터베이스다. 당신이 살아오며 겪은 모든 경험—무엇을 했는지, 어떤 감정을 느꼈는지, 몸이 어떻게 반응했는지—을 상세히 저장한다. 새로운 상황을 마주하면, 변연계는 이 데이터를 빛의 속도로 검색해 '좋다/나쁘다/위험하다'로 즉시 분류한다. 그리고 의식이 알아채기도 전에 그 결과를 직감이나 느낌으로 알려준다.

그 후에야 대뇌는 '왜 이런 감정을 느끼지?'라며 상황을 분석하기 시작한다. 물론 대뇌는 훨씬 더 정밀하게 분석할 수 있지만 치명적인 약점이 있다. 너무 느리다는 점이다. 그렇다고 대뇌가 쓸모없다는 뜻은 아니다. 회의 중에 상사의 비난에 울컥해서 '한 대 치고 싶다'는 충동이 든다고 상상해보자. 만약 분노를 일으킨 변연계의 명령대로 행동한다면, 당신은 회사에서 잘리고 말 것이다. 하지만 이때 대뇌가 개입한다.

"정말 해고되고 싶어? 월급 없어도 돼?"

변연계는 상사를 공격하고 싶은 충동적인 감정에 사로잡혀 있다. 하지만 반대로, 해고의 위험을 피하고 안전을 추구하고 싶은 또 다른 감정도 있을 것이다. 이때, 대뇌가 제공한 이성적인 정보를 바탕으로 변연계와 대뇌는 긴밀한 협의를 하고, 마침내 '좋아, 일단 화를 삭이자'라는, 훨씬 더 합리적인 결론에 도달한다.

감정과 이성은 적이 아니다. 감정이 '어디로 가고 싶은지' 방향을 정하면, 이성은 '어떻게 갈지' 전략을 세운다. 쉽게 말해 변연계(감정)는 당신이 가고 싶은 목적지를 정해주는 역할을 한다. "따뜻한 남쪽으로 가자!"라고 목표를 제시하는 것이다. 그러면 대뇌(이성)는 그곳까지 갈 가장 효율적이고 안전한 경로를 찾아주는 역할을 한다.

목적지 없이 길을 찾는 것은 무의미하고, 가고 싶은 곳만 정해놓고 길을 찾지 않으면 영원히 헤매게 된다. 변연계와 대뇌는 이런 점에서 최고의 팀이다.

위대한 성취는 감정에서 시작된다

인류의 모든 위대한 업적을 살펴보면, 그 시작은 언제나 감정이었다. 베토벤의 교향곡, 아인슈타인의 상대성이론, 스티브 잡스의 아이폰, 테슬라의 전기자동차까지. 물론 이 모든 업적의 완성에는 정교한 계산과 논리적 추론, 즉 이성의 뇌(대뇌 신피질)가 결정적 역할을 했다.

하지만 더 근본적인 질문을 던져야 한다. 도대체 왜? 왜 베토벤은 아름다운 음악을 만들고 싶었을까? 왜 아인슈타인은 우주의 비밀을 풀고 싶었을까? 왜 잡스는 세상을 바꾸는 제품을 만들고 싶었을까? 예술가를 움직이는 것은 아름다움을 향한 갈망이고, 과학자를 이끄는 것은 진리를 향한 호기심이며, 기업가를 전진시키는

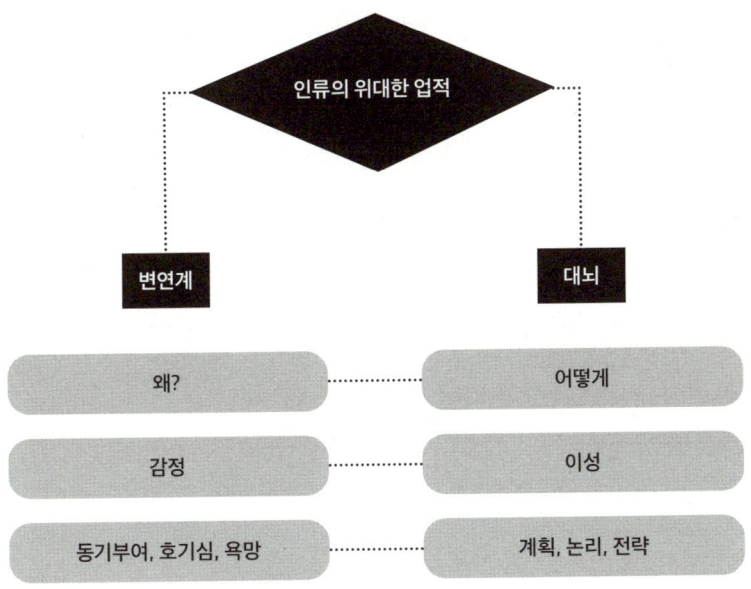

것은 세상을 바꾸려는 열정이다. 이 감정적인 '왜?'가 없었다면 대뇌라는 슈퍼컴퓨터는 애초에 켜지지도 않았을 것이다. 18세기 철학자 데이비드 흄의 말처럼 말이다. "이성은 감정의 노예일 뿐이며, 그래야만 한다."

최근 뇌과학 연구들은 이 사실을 명확히 보여준다. 한 실험에서 냉정한 질책 대신 따뜻한 격려를 받은 운동선수의 수행 능력은 무려 370%나 향상되었다. 변연계가 긍정적인 감정으로 활성화될 때 창의력과 문제 해결 능력이 극대화된다는 것이다. 교육 분야에서도 마찬가지다. 단순히 지식을 전달하는 것보다 학습자의 감정적 동기를 자극하는 것이 훨씬 효과적임이 반복적으로 증명되었다. 아이들이 좋아하는 게임이나 이야기를 통해 수학이나 과학을 가르치면, 전통적인 주입식 교육보다 학습 효과가 몇 배나 크다.

자, 당신 앞에 2가지 직업이 선택지로 놓였다고 해보자. 하나는 연봉도 높고 사회적으로도 인정받지만, 생각만 해도 숨이 턱 막히는 일이다. 다른 하나는 당장의 조건은 부족해도 가슴이 뛰고, 밤을 새워도 지치지 않을 만큼 의미 있는 일이다. 현실적인 이유로 전자를 택하는 사람도 있겠지만 대부분의 사람은 후자에 본능적으로 끌린다.

왜일까? 바로 그 일이 당신의 변연계를 만족시키기 때문이다. 변연계는 단순히 생존을 추구하는 데 그치지 않는다. 의미 있는 삶, 성장과 발전, 자아실현의 욕구도 함께 추구한다. 아무리 돈이 많아도 매일 아침 일어나는 것이 괴롭다면, 변연계는 지속적으로 불만 신호를 보낸다.

그렇다면 이 강력한 감정의 힘, 라이프코드는 과연 어디서 왔으며 우리는 이것을 어떻게 삶의 무기로 활용할 수 있을까? 다음 장부터 우리 내면의 감정 시스템을 하나씩 파고들어 가보자.

LIFECODE NOTE 2

1. 대뇌(이성)보다 변연계(감정)가 진짜 뇌의 주인이다.

2. 변연계는 '무엇을 원할까'를 결정하고, 대뇌는 '어떻게 얻을까'를 계획한다.

3. 변연계와 대뇌는 최고의 파트너다. 인간의 모든 성취는 이들의 합작품이다.

3장

인간을 움직이게 하는 4가지 욕망

왜 어떤 사람은 주말 내내 소파와 한 몸이 되어야 에너지를 얻고, 어떤 사람은 번지점프라도 해야 살아 있음을 느낄까? 왜 누군가는 타인의 칭찬 한마디에 세상을 다 가진 듯 기뻐하는데, 다른 누군가는 그저 묵묵히 제 할 일만 할까? 우리는 모두 같은 사람인데, 무엇이 이토록 삶의 풍경을 다르게 만드는 걸까?

겉으로 보기에는 복잡하고 예측 불가능해 보이는 모든 행동 뒤에는 놀랍도록 일관된 법칙이 숨어 있다. 지금 이 순간에도 당신 안에서는 4개의 목소리가 경쟁하고 있다.

- "안전해야 해!" (균형 시스템)
- "함께해야 해!" (조화 시스템)
- "새로워야 해!" (자극 시스템)
- "이겨야 해!" (지배 시스템)

이 목소리들이 당신이 누구이며, 무엇을 원하고, 어떻게 행동할지를 결정한다. 지금부터 당신 안의 라이프코드, 즉 균형, 조화, 자극, 지배라는 4개의 비밀 버튼을 하나씩 눌러보자.

우리 안의 4가지 진짜 열쇠

모든 행동의 뿌리에는 '생존과 번식'이라는 동물의 본능이 있다. 하지만 인간은 단순히 먹고 자는 욕구만으로는 설명할 수 없는, 훨씬 더 복잡한 감정과 행동으로 가득 찬 존재다. 무엇이 우리를 기뻐하고, 슬퍼하며, 사랑하고, 갈망하는 존재로 만드는 것일까?

그 해답은 바로 라이프코드에 있다. 1장에서 살펴봤듯이 라이프코드는 안전 코드, 사회적 인정 코드, 탐험 코드 같은 수십 가지의 하위 코드들로 구성되어 있다. 이 복잡하고 다채로운 코드들을 자세히 분석해보면, 그 기능과 목적에 따라 4개의 주요 시스템으로 분류할 수 있다. 각각의 시스템은 서로 다른 욕망을 자극하며 우리 삶의 서로 다른 영역을 담당한다. 때로는 서로 협력하고, 때로는 갈등하며, 때로는 한 시스템이 다른 시스템을 압도하기도 한다.

① 균형 시스템: 안전을 지키는 수호자

생존의 가장 기본적인 조건은 위험을 피하는 것이다. 만약 뇌가

"일단 해 봐!"라는 목소리만 낸다면, 우리는 독이 든 열매를 덥석 먹거나 포식자가 숨은 덤불로 뛰어들지도 모른다. 그래서 뇌는 브레이크 역할을 할 균형 시스템을 만들었다. 이 시스템은 변화를 경계하고 모험보다 익숙함을 선호하며, 당신을 안전하게 지키는 것을 목표로 삼는다. 균형 시스템은 이렇게 속삭인다.

- "유통기한 지난 우유? 마시지 마!"
- "보험은 많을수록 좋아. 만약의 사태에 대비해야지."
- "새로운 식당? 그냥 늘 가던 곳의 보장된 맛을 선택해."

이 시스템은 위험한 세상에서 우리를 보호하기 위해 탄생했다. 변화를 잠재적 재앙으로, 모험을 불필요한 위협으로 간주하며 안정적이고 예측 가능한 일상을 추구하게 만든다. 주변을 한번 둘러보라. 현관문의 이중 잠금장치, 정기적인 건강검진, 스마트폰에 저장된 단축번호 119, 자동차의 각종 안전장치들은 모두 균형 시스템이 만들어낸 안전망이다. 운전석에 앉자마자 반사적으로 안전벨트를 매는 행동, 복잡한 도시를 질서정연하게 만드는 신호등과 교통법규, 뉴스에서 연일 터져 나오는 전쟁과 재난 소식을 보며 '적어도 여기는 안전하겠지' 하고 안도하는 마음까지도 말이다.

더 나아가 주말마다 교회나 절에 나가는 종교 활동은 죽음과 미래에 대한 근원적 불안을 줄이려는 균형 시스템의 작용으로 볼 수 있다. "신께서 나를 지켜주실 거야"라는 믿음은 불확실한 미래에 대한 심리적 안전장치 역할을 한다.

주변을 둘러보면 알 수 있다. 당신 곁에는 안전을 갈망하는 본능, 즉 균형 시스템이 만든 흔적이 곳곳에 존재할 것이다.

② 조화 시스템: 온기를 나누는 연결자

균형 시스템이 깐깐한 안전 관리인처럼 우리를 지키고 있다는 것은 이제 알았다. 그런데 한번 생각해보자. 만약 우리 뇌가 '균형' 시스템의 잔소리, 즉 "위험해! 조심해! 가만히 있어!"라는 목소리만 따른다면 우리 삶은 과연 어떤 모습일까? 아마도 현관문 비밀번호를 하루에도 대여섯 번씩 바꾸고, 배달 음식조차 의심의 눈초리로 해부해보는 그런 몹시 피곤하고 외로운 삶을 살고 있을지도 모른다.

동물들은 저마다 강력한 생존 무기를 타고난다. 호랑이는 날카로운 발톱을, 새는 자유로운 날개를, 말은 튼튼한 다리를 가졌다. 하지만 인간은 연약한 몸으로 태어나 1년 동안은 걷지도 못한다. 그런데 어떻게 이토록 불리한 조건을 가진 존재가 지구 최상위 포식자가 되었을까?

비밀은 '함께'라는 단어에 있다. 원시 시대, 무리에서 쫓겨나 홀로 남겨진다는 것은 포식자들에게 "날 먹어주세요"라고 광고하는 것과 다르지 않았다. 당시 인류는 서로가 없으면 말 그대로 '아무것도 아닌' 존재였고, 그래서 본능적으로 뭉쳐 살아남는 법을 익혔다. 뇌는 이를 위해 조화 시스템을 만들었다. 이 시스템은 관계를 맺고, 정서적 안정을 느끼며, 누군가를 보살피고 돕고 싶게 만든다. 조화 시스템은 이렇게 말한다.

- "가족과 밥을 먹으며 도란도란 얘기하니 마음이 따뜻해지네. 더 자주 모여야겠어."
- "아픈 친구를 위해 병문안을 가야지."
- "배를 곯는 아이들 소식에 마음이 아파. 기부단체에 후원해야겠어."

이 조화 시스템이 가장 강렬하게 나타나는 영역이 바로 부모의 자녀 사랑이다. 갓난아기는 누군가의 도움 없이는 하루도 못 산다. 이 시스템은 부모가 아이를 위해 모든 것을 바치게 하며 그 본능은 가족, 친구, 낯선 이들로 확장된다. 귀여운 강아지나 아기를 보며 미소 짓고, 자원봉사를 하는 것도 이 시스템의 작용이다. 병원, 요양원, 보육원 같은 사회적 안전망도 조화 시스템에서 비롯되었다.

그리고 이 모든 따뜻한 감정들은 앞서 살펴본 균형 시스템과도 깊은 관련이 있다. 다른 사람들과 긍정적이고 안정적인 관계를 맺고 있다는 느낌은 결국 우리에게 정서적 안정감을 주기 때문이다. 이는 곧 균형 시스템이 추구하는 안전과 안정감과 정확히 일치한다. 비록 균형을 유지하려는 더 큰 그림의 일부이지만, 조화 시스템은 그 역할과 중요성이 워낙 중요하기에 독립적인 시스템으로 분류했다.

③ 자극 시스템: 새로움을 탐험하는 탐험가

자극 시스템은 지루함을 견디지 못하는 호기심 덩어리다. 넷플릭스를 볼 때 밤새도록 다음 편을 클릭하게 만드는 것도, 새로운 핫플레이스 맛집을 검색하게 하는 것도, 새로 나온 게임에 시간 가는 줄 모르고 빠져드는 것도, 모두 자극 시스템의 작용이다. 자극 시스템은 끊임없이 새로운 것을 찾아 나서도록 우리를 부추기고, 세상 모든 것에 호기심을 가지고 시도해볼 것을 재촉한다.

- "주말에 즉흥 여행 어때? 아무 데나 발길 닿는 대로 떠나보자!"
- "이 강의는 전공과 무관하지만 재밌어 보여. 들어볼까?"
- "드라마 다음 편이 너무 궁금해! 오늘 밤새 정주행이다!"

자극 시스템은 왜 생겼을까? 단순히 재미를 즐기기 위한 것일까? 그 기원은 생존 본능에 있다. 우리 조상이 살았던 과거는 지금처럼 모든 것이 풍족하고 예측 가능한 시대가 아니었다. 음식은 늘 부족했고, 매서운 추위와 지독한 가뭄이 예고 없이 찾아왔다. 이런 척박한 환경에서 어떤 개체가 살아남을 가능성이 더 높았을까?

당연히 남들이 아직 발견하지 못한 새로운 먹을거리를 찾아내거나 더 안전하고 먹을 것이 풍요로운 사냥터를 개척한 용감한 탐험가였을 것이다. 균형 시스템의 "여기 있자!"는 만류에도 인간은 미지의 세계로 나아갔다. 그래야만 생존에 유리했기 때문이다. 현대의 거대한 여행 산업과 엔터테인먼트 산업은 바로 이 자극 시스템에 기반을 두고 있다. 우리가 주말마다 새로운 여행지를 찾아 떠나고, 그곳에서 낯선 풍경과 문화를 경험하며 행복감을 느끼는 것은 수십만 년 전부터 이어진 탐험 본능의 현대적 표현이다.

    자극 시스템의 또 다른 중요한 역할은 끊임없는 학습과 성장을 독려하는 일이다. 아까 말했듯이 인간은 호랑이처럼 날카로운 발톱도, 독수리처럼 하늘을 나는 날개도 갖지 못했다. 그래서 신체적 약점을 보완하기 위해 끊임없이 새로운 기술을 배우고 능력을 습득하며 업그레이드를 시도해왔다. 아이들이 지치지도 않고 놀이에 몰두하는 것도 바로 이 때문이다. 그들에게 놀이는 단순히 시간 때우기가 아니라 세상을 탐구하며 새로운 기술을 쌓아나가는 치열한 학습 과정인 것이다.

    오늘날 우리 일상 속에서 이 자극 시스템을 가장 강력하게 충족시켜주는 도구는 아마도 스마트폰일 것이다. 우리는 스마트폰으로 게임을 하고, 최신 음악을 스트리밍하며, 짧은 영상들을 끊임없이 탐닉하며 자극 시스템을 만족시킨다. 그뿐인가? 손에 땀을 쥐게 하는 스포츠 경기, 눈과 귀를 사로잡는 영화와 드라마, 상상력을 자극하는 예술 작품, 미지의 세계로 떠나는 관광까지. 이 모든 도구가 바로 뇌 속 자극 시스템이라는 강력한 엔진에 의해 쉼 없이 돌아가고 있다. (다만, 축구 경기를 관람하며 흥분할 때에는 다음에 살펴볼 또 다른 감정 시스템인 지배 시스템도 동시에 활성화된다. 이는 바로 뒤에서 설명할 예정이다.)

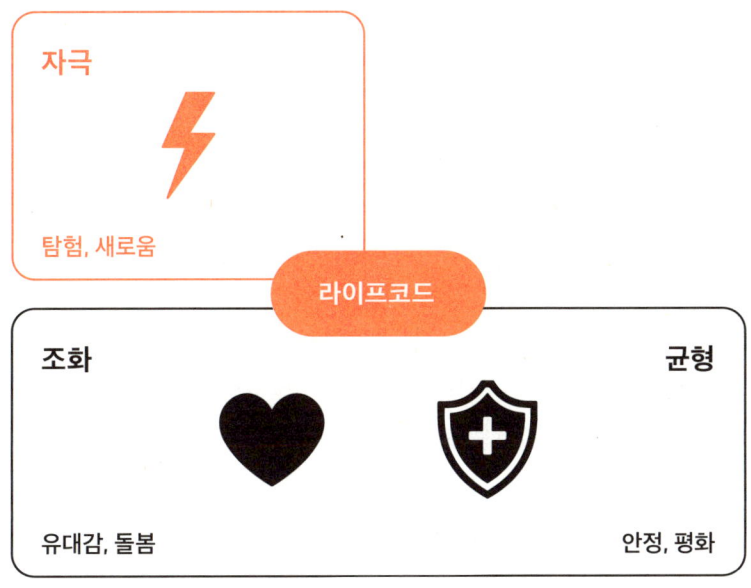

④ 지배 시스템: 정상을 향해 질주하는 정복자

앞서 우리는 서로 손잡고 도우며 살아가는 따뜻한 조화 시스템에 대해 이야기했다. 그것만 있다면 세상은 온통 사랑과 평화로 가득해야 할 텐데, 현실은 어떤가? 전쟁, 폭력, 갑질로 가득하다. 인간은 왜 다정하다가도, 어느 순간 소름 돋게 이기적이고 때로는 파괴적인 행동을 서슴지 않는 걸까? 이 껄끄러운 질문에 대한 답은 지배 시스템에 있다. 이 시스템은 경쟁에서 이기는 것, 지위를 높이는 일, 세상의 인정을 갈구한다.

- "연말 실적 1등! 승진은 따 놓은 당상이지!"
- "더 큰 집, 더 좋은 차로 내 성공을 보여줘야 해."
- "바이에른 뮌헨(독일 축구팀) 또 졌어? 제발 이겨라!"

현실을 직시해보자. 세상은 자원이 한정된 경쟁의 장이다. 음식, 집, 주차 공간까지 모두 쟁탈전이 발생한다. 그래서 우리는 진화 과정에서 전투적인 지배 시스템을 뇌에 심었다. 이 시스템은 자신을 우선시하고, 영향력을 확장하며, 남들보다 앞서야 한다는 의식을 강화한다.

지배 시스템은 앞서 살펴본 다른 시스템들에 비해 그다지 호감이 가는 타입은 아니다. 이기적이고 공격적이기 때문이다. 하지만 지배 시스템이 없었다면 인류는 여전히 동굴 속에 머물러 있었을지도 모른다. 지배 시스템은 자극 시스템과 협력해 자동차, 스마트폰, 페니실린, 양자컴퓨터, 생성형 AI 같은 놀라운 인류의 진보를 이끌었다.

인간은 어떻게든 성공하고 싶은 욕구, 어제의 나보다 더 나아지고 싶은 욕구, 그리고 무엇보다 경쟁자보다 한발 앞서 승리의 깃발을 꽂고 싶은 그 뜨거운 욕망을 갖고 있다. 엔지니어든, 과학자든, 예술가든, 운동선수든 대부분의 직업인이 더 나은 커리어를 쌓고, 세상의 존경을 받으며, 돈도 더 많이 벌기 위해 치열하게 살아가는 이유는 바로 지배 시스템의 속삭임 때문이다.

우리가 사는 자본주의 사회, 성과주의 문화, 경쟁 중심의 시장 경제는 모두 지배 시스템을 바탕으로 설계되었다. 응원하는 팀이 이겼을 때 목이 터져라 환호하고, 승진이나 연봉 인상 소식에 세상을 다 가진 듯 기뻐하는 것도 바로 이 시스템 때문이다. 지배 시스템은 우리에게 사회적 지위를 높이고 이를 과시하라고 끊임없이 부추긴다. 그래서 우리는 번듯한 직함에 목을 매고, 더 큰 집과 비싼 차를 욕망하며, 명품을 통해 '나는 이런 사람이다'라고 증명하려 하는 것이다.

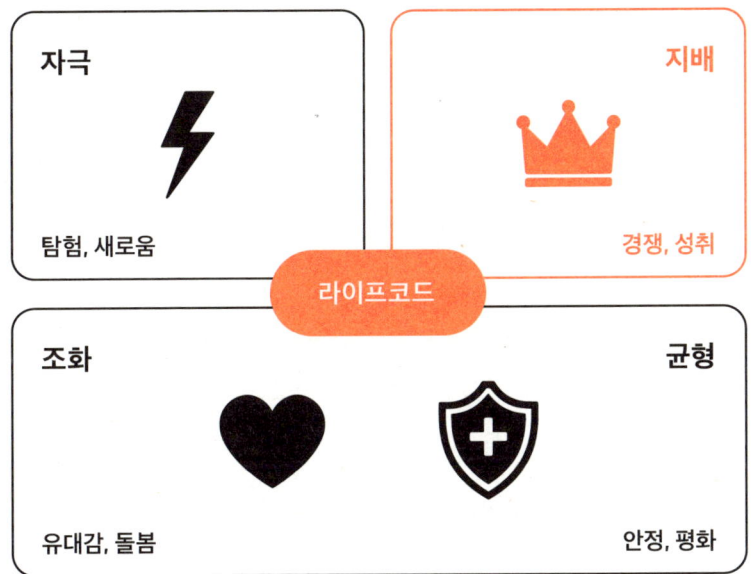

하나의 행동에 얽힌 다양한 욕망

우리가 하는 행동은 한 가지 감정 시스템에 의해서만 단순하게 이뤄지지 않는다. 오히려 여러 시스템이 동시에 작동하며 복합적인 감정을 만들어낼 때가 더 많다. 요즘 우리 일상에서 떼려야 뗄 수 없는 SNS가 바로 그 좋은 예다.

SNS의 시작은 지인들과 일상을 공유하며 소속감을 확인하는 조화 시스템에서 출발했을지 모른다. 하지만 어느새 짧은 영상과 새로운 게시물은 우리의 스크롤을 멈추지 못하게 만들며 자극 시스템을 건드리고, 수많은 '좋아요'는 타인의 인정과 부러움을 얻으며 만족감을 느끼는 지배 시스템의 영역과도 깊이 맞닿아 있다. 축구 경기를 보는 것도 마찬가지다. 축구 경기는 자극(극적인 경기)과 지배(승리의 쾌감), 2가지 시스템을 동시에 자극한다. 90분 내내 어디로 튈지 모르는 공의 움직임과 선수들의 현란한 기술 그리고 언제 터질지 모르는 극적인 골 장면은 자극 시스템에 더할 나위 없는 즐거움을 선사한다. 하지만 우리는 단순히 선수들의 멋진 플레이를 감상하기만 하는 것이 아니다. 내가 응원하는 팀이 상대 팀을 압도하고 마침내 승리하여 환호하는 그 순간을 갈망한다. 이때 경쟁에서의 승리와 우월감을 추구하는 지배 시스템이 격렬하게 작용한다.

때로는 똑같은 행동이더라도 그 이면에 숨은 동기에 따라 전혀 다른 감정 시스템에서 비롯될 수 있다. 예를 들어, 옆자리 동료의 험담을 하는 행동은 경쟁 상대를 깎아내리려는 지배 시스템의 발현일 수도 있지만, 당신과 비밀을 공유하며 은밀한 유대감을 쌓으려는 조화 시스템의 서툰 표현일 수도 있다. 연인이 "주말에 함께 집 청소하자"고 제안하는 경우도 마찬가지다. 그 제안은 깨끗하고 정돈된 환경을 원하는 균형 시스템의 목소리일 수도 있지만, 함께 무언가를 하면서 정서적으로 연결되고 싶은 조화 시스템이 보내는 미묘한 신호일 수도 있는 것이다.

내 안의 4개 버튼 점검하기

당신에게 가장 강하게 작동하는 시스템은 무엇일까? 간단한 테스트를 해보자.

- **상황: 회사에서 해외 출장 기회가 생겼다. 당신의 첫 반응은?**

    A) "준비할 것이 너무 많아…. 여권 유효기간은? 보험은?"
        → 균형

    B) "팀원들과 함께 가는 건가? 혼자는 좀…." → 조화

    C) "오! 새로운 경험이다! 어떤 나라일까?" → 자극

    D) "이건 내 경력에 큰 도움이 돼! 완벽하게 해내자!" → 지배

- 상황: 주말 계획을 세울 때 당신의 스타일은?

    A) "날씨 확인하고, 교통 상황 보고, 예약은 미리….." → 균형

    B) "가족/친구들과 함께 무얼 할까?" → 조화

    C) "그때그때 즉흥적으로! 새로운 것을 해보자!" → 자극

    D) "생산적인 무언가를 해야지. 경쟁력을 높일 수 있는 것으로!"
       → 지배

- 상황: 새로운 사람들과의 모임에서 당신의 행동은?

    A) "일찍 가서 장소 확인하고, 안전한 자리에 앉자." → 균형

    B) "다들 어떤 사람인지 궁금해. 친해지고 싶어." → 조화

    C) "오늘 어떤 재미있는 이야기가 나올까?" → 자극

    D) "내 매력을 어필할 기회! 좋은 인상을 남기자." → 지배

우리 안의 4가지 시스템

균형(안전), 조화(유대), 자극(탐험), 지배(경쟁). 이 4가지 시스템이 바로 라이프코드의 핵심이다. 이들은 단순한 생존과 번식을 넘어서, 우리를 복잡하고 매력적인 존재로 만든다.

　나는 왜 우리의 뇌를 4가지 시스템으로 정리했을까? 뇌는 생각보다 무척 효율을 중시해서 에너지를 절약하고 싶어 한다. 그래

서 지나치게 복잡하거나 깊이 있는 사고를 요구하는 정보는 본능적으로 피하려는 경향이 있다. 이런 이유로 나는 인간 감정의 본질적인 측면을 놓치지 않으면서도, 그 핵심 작동 원리를 가장 간결하고 명료하게 전달할 수 있는 방법을 고민했다. 그리고 그 결과가 바로 이 라이프코드 4가지 시스템이다. 이 방면에서 알베르트 아인슈타인의 유명한 조언이 있다.

"모든 것을 가능한 한 단순하게 만들어라. 하지만 그것이 본질을 해칠 만큼 지나치게 단순해져서는 안 된다."

이 4가지 시스템을 이해하면, 왜 사람들이 같은 상황에서도 저마다 다른 선택과 반응을 보이는지, 나아가 우리가 때로는 스스로도 예측하지 못하는 행동을 하는 이유를 명확하게 파악할 수 있다.

LIFECODE NOTE 3

---

1. 우리의 행동은 단순한 생존 본능을 넘어 4가지 강력한 라이프코드에 의해 움직인다.
2. 라이프코드는 안전을 지키는 '균형', 관계를 잇는 '조화', 새로움을 좇는 '자극', 그리고 정상을 추구하는 '지배' 시스템으로 구성되어 있다.
3. 4가지 시스템으로 개인의 선택부터 기업의 흥망성쇠, 국가의 문화와 정치까지 모든 인간 행동을 설명할 수 있다.

4장

왜 우리는 결코 만족하지 못할까

복권 당첨자의 행복감은 평균 3개월 만에 원래 수준으로 돌아간다. 수십억을 손에 쥐어도 기쁨은 고작 서너 달이면 시들어버린다는 뜻이다. 이 사실은 우리가 행복에 대해 품고 있던 환상을 단숨에 무너뜨린다. 돈만 있으면, 성공하기만 하면 행복할 것이라는 믿음 말이다.

반대로 한번 누린 풍요로움을 잃는 순간, 뇌는 이를 심각한 위협으로 받아들인다. 200마력 스포츠카에서 100마력 세단으로 바뀌는 것만으로도 뇌는 위기로 여긴다. 객관적으로 보면 100마력도 충분히 빠른 속도지만, 뇌에게는 그런 논리가 통하지 않는다. 한번 경험한, 더 나은 것을 기준으로 모든 것을 판단하기 때문이다.

이런 감정의 메커니즘은 마치 롤러코스터와 닮았다. 가파른 오르막에서 천천히 끌어올려지며 느끼는 조마조마한 설렘, 까마득한 정점에서 마주하는 아찔한 공포, 그리고 질주 끝에 내뱉는 안도의 숨결. 하지만 여기서 중요한 건 롤러코스터의 비대칭성이다. 올라갈 때는 체인에 의해 천천히 끌어올려지지만, 내려갈 때는 중력에 의해 순식간에 추락한다. 2분 동안 올라간 그 높이에서 지상으로 떨어지는 데는 불과 10초밖에 걸리지 않는다.

우리의 감정도 정확히 롤러코스터와 같다. 기쁨은 서서히 쌓이다가 금세 사라지지만, 고통은 갑자기 찾아와 오래도록 머무른다. 새 스마트폰을 손에 쥐었을 때의 기쁨은 며칠 만에 시들어버리지만, 연인의 이별 문자 한 통은 몇 년이 지나도 마음을 찌른다. 이 지독한 불균형은 삶 곳곳에 스며들어 있다.

왜 기쁨은 금세 빛바래고, 고통은 끈질기게 따라붙는 걸까? 그 답은 뇌에 깊숙이 새겨진 생존 본능 속에 있다. 수백만 년 전, 우리의 조상에게 "위험을 피하고, 먹이를 쟁취하라"고 끊임없이 속삭였다. 아이러니하게도 이 생존 코드는 현대 사회에서 오히려 문제를 일으킨다. 우리를 '밑 빠진 독'처럼 끊임없이 무언가를 갈망하는 존재로 만들고 있기 때문이다.

4가지 라이프코드의 두 얼굴

대체 왜 우리의 감정은 이토록 불공평하게 설계된 것일까? 그 비밀은 우리 뇌에서 벌어지는 두 거대한 힘의 줄다리기에 있다. 하나는 우리를 움직이게 하는 달콤한 보상(욕망)이고, 다른 하나는 우리를 멈추게 하는 쓰디쓴 처벌(고통)이다. 이 보상과 처벌의 메커니즘은 거창한 사건에서만 작동하는 것이 아니다. 지극히 사소한 순간에도 어김없이 발동된다.

- 야근 후 시원한 맥주 한 잔을 마신다. 그 순간, 모든 피로가 사라진다.
- 지루한 주말 오후, 우연히 발견한 흥미로운 다큐멘터리에 시간 가는 줄 모르고 빠져든다.

이 모든 경험의 공통점은 명확하다. 피로나 지루함이라는 고통에서 벗어나 안도감과 만족감이라는 보상을 향해 움직였다는 것이다. 결국 우리의 모든 행동과 감정은 '즐거움은 가까이, 고통은 멀리'라는 단순한 명령을 수행하는 과정이다. 그리고 이 명령을 구체적으로 실행하는 네 명의 지휘관이 바로 '라이프코드'다.

	원하는 것	싫어하는 것
자극	"새롭고 짜릿해!" (설렘, 호기심)	"지루하고 뻔해!" (권태, 무관심)
지배	"내가 해냈어!" (자부심, 성취감)	"나를 무시해?" (분노, 모멸감)
균형	"안전하고 확실해!" (안정감, 평온)	"불안하고 위험해!" (두려움, 스트레스)
조화	"우리는 함께야!" (소속감, 사랑)	"나만 혼자야…." (외로움, 소외감)

4장. 왜 우리는 결코 만족하지 못할까

- **자극 시스템: 새로움의 갈망**

  자극 시스템은 지루함과 무관심을 참지 못한다.

  "매일 같은 시간에 출근하고, 같은 자리에 앉아서, 같은 일을 하고…. 내 인생에 재미있는 게 하나도 없네."

  반면 새로운 경험을 마주할 때는 어린아이처럼 들뜬다.

  "이번 휴가는 처음 가보는 곳이야. 새로운 음식도 맛보고 현지 사람들도 만나볼 생각하니 너무 설레네!"

- **지배 시스템: 승리의 쾌감**

  지배 시스템은 자신의 목표나 야망이 좌절될 때, 강한 분노와 짜증을 터뜨린다.

  "내 프로젝트를 저 신입이 가로챘다고? 말도 안 돼!"

  반대로 성과를 인정받거나 목표를 달성하면, 이 시스템은 세상을 다 가진 듯한 자부심으로 넘쳐난다.

  "드디어 해냈다! 전사 매출 1위. 이제 모두 내 능력을 인정하겠지?"

- **균형 시스템: 안전의 포근함**

  균형 시스템은 예측 불가능한 위험이나 불확실한 상황에서 두려움과 스트레스를 느낀다.

  "어머, 밤길에 수상한 사람이…. 빨리 안전한 곳으로 가야 해."

반면 모든 것이 안정적으로 통제되고 있을 때, 마음 깊은 곳에서 평온이 밀려온다.

"건강검진 결과가 다 정상이래. 1년 내내 걱정했는데 정말 다행이야."

- **조화 시스템: 연결의 따뜻함**

    조화 시스템은 관계의 단절이나 소외감에 특히 취약하다.

    "회식에서 나만 따돌림 당하는 것 같아…. 다들 속닥거리는데 낄 수가 없어…."

    반면 소중한 사람들과 진심으로 교감하고 연결되어 있다고 느낄 때는 따뜻한 친밀감과 깊은 사랑을 느낀다.

    "친구와 와인을 마시며 이야기를 나누다가 문득 행복해서 눈물이 났어. 이게 진짜 삶이지."

이처럼 생존 코드는 각기 다른 방식으로 우리의 감정과 행동을 설계하며 매 순간 삶의 방향을 조율한다.

물론 감정이 하나의 시스템만으로 작동하는 경우는 드물다. 대부분의 상황에서 이 4가지 시스템은 동시에 복합적으로 작용하며 우리 마음속에 다양한 감정의 스펙트럼을 만들어낸다. 이를 우리는 '복합 감정'이라 부른다.

수치심이 그 대표적인 예다. 중요한 파티에서 실수로 거래처

사장의 하얀 셔츠에 와인을 쏟았다고 상상해보자. 그 순간 뇌는 아수라장이 된다. 조화 시스템은 "관계가 끝장났어!"라며 관계 단절의 공포를 느끼게 한다. 지배 시스템은 "내 이미지가 추락했어!"라며 사회적 지위 손상에 분노하고, 균형 시스템은 통제 불가능한 상황에서 오는 극심한 스트레스를 쏟아낸다. 이처럼 감정은 우리를 행동하게도 하고, 멈추게도 한다.

만족할 줄 모르는 갈증에 터보 엔진을 달다

세상은 눈 깜짝할 사이에 어제와 오늘이 다르게 빠른 속도로 변하고, 그 변화의 속도는 우리 삶을 송두리째 뒤흔든다. 자동차는 이제 운전자 없이도 스스로 달리고, 우리는 업무와 사생활 모든 영역에서 스마트폰과 컴퓨터 없이는 단 하루도 버티기 힘든 시대에 살고 있다. 손바닥 안의 작은 스마트폰은 이제 연애 중매쟁이나 전 세계 음악을 쏟아내는 주크박스, 실시간 글로벌 커뮤니케이션 센터, 고성능 카메라까지 모든 역할을 혼자서 해낸다.

디지털 기술은 우리의 모든 욕구를 즉각적으로, 더 강하게 충족시켜준다. 이제는 기다림조차 죄악이다. 우리는 1초의 지루함도 견디지 못하는 괴물이 되었다. 예컨대 자극 시스템의 폭주를 생각해보자. 카세트테이프 한 면을 듣기 위해 45분을 기다리던 시대에서, 이제는 스포티파이를 통해 수천만 곡을 1초 만에 넘나드는 시대가 되었다. 커피 두 잔 값 정도의 구독료만 내면 초고음질의 음악을 재생하며 집 거실을 콘서트홀로 바꿀 수도 있다.

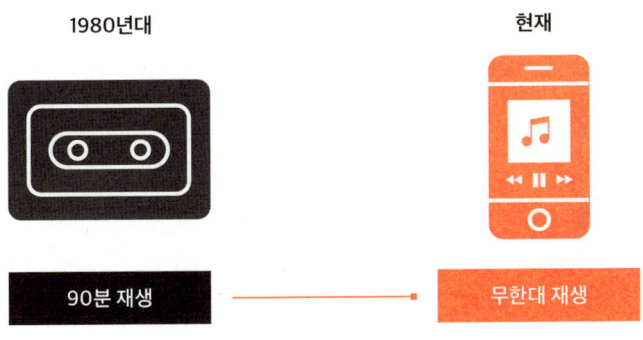

 문제는 욕구가 점점 더 빠르고 세련된 방식으로 충족됨으로써 우리도 모르게 더 많이, 더 빨리 원하는 만족 불감증에 빠져든다는 점이다. 특히 자기 통제력이 미숙하고 보상 추구 시스템이 가장 민감하게 작동하는 청소년에게 끝없는 자극을 제공하는 디지털 세계는 뇌에 작용하는 강력한 코카인과 다를 바 없을지 모른다. 독일 울름대학의 뇌과학자 만프레드 슈피처Manfred Spitzer가 청소년들의 디지털 치매를 강력히 경고하는 것도 결코 과장이 아니다.
 오늘날 우리는 과거 어느 때보다 쉽게 소통할 수 있는 시대를 살고 있다. 느린 손편지에서 24시간 연결되는 SNS로, 소통의 방식은 놀랍도록 진화했다. 하지만 그 결과는 어떤가? 우리는 진정한

교감 대신 화면 속 '좋아요' 숫자에 일희일비하고, 깊이 있는 대화 대신 피상적인 관계 속에서 더 큰 공허함과 고립감을 느낀다. 더 많이 연결될수록, 더 외로워지고 있다. 소통은 남았지만, 교감은 사라졌다. 기술의 발전이 반드시 행복으로 이어지는 것은 아니다. 오히려 그것은 새로운 형태의 불행을 만들어내고 있다.

진화가 새겨놓은 생존 코드

이쯤에서 당신은 한숨 섞인 질문을 던질지도 모른다.

'인간은 영원히 만족을 모르고 점점 불행해지는 저주에 걸린 걸까?'

결론부터 말하자면, 이 만족할 줄 모르는 갈망은 저주가 아니라 축복에 가깝다. 기쁨의 기억이 쉽게 사라져도, 손실의 고통은 오래 남아야 생존할 수 있기 때문이다.

먼 옛날, 사냥에 성공한 만족감이 너무 오래 지속되어 다음 사냥에 나서지 않은 조상은 결국 굶어 죽었다. 배가 부른 순간에도 내일을 대비해 끊임없이 더 많은 것을 탐색하려는 갈망은 생존에 절대적으로 유리했다. 만족은 진화를 멈추게 하고, 갈망은 문명을 밀어붙인다. 우리 안의 부족함은 사실 가장 강력한 추진력이다. 만약 더 나은 것을 향한 보상 추구 시스템이 없었다면, 인류는 여전히 동굴 속에서 추위를 피해 살고 있었을지도 모른다. 더 편리한 도구, 더 안전한 집, 더 맛있고 영양가 높은 음식을 향한 욕구와 호기심이 있었기에 오늘날의 과학기술과 풍요로운 문화가 가능했던 것이다.

반면 처벌 회피 시스템은 전혀 다른 방식으로 작동한다. 한 번 발동되면 매우 끈질기고 예민하게 반응한다. 우리 뇌는 특히 이미 확보한 것을 잃어버리는 손실에 대해 거의 병적인 수준에서 저항감과 불쾌감을 보인다. 고통과 위험을 회피하려는 시스템이 없었다면, 우리는 무모한 행동을 일삼다가 진작 멸종했을지 모른다. 아찔한 절벽에서 뛰어내리거나 굶주린 맹수를 향해 덤비는 객기를 반복했을 테니 말이다. 예를 들어 어렵게 구한 식량이나 짝을 빼앗긴 뼈아픈 경험은 강렬한 고통으로 뇌리에 각인되어야만 우리는 같은 실수를 반복하지 않았다. 만약 이런 상실에도 "뭐, 그럴 수도 있지"라며 무감각했던 개체가 있었다면 어땠을까? 그 개체는 새로운 짝을 찾거나 다음 식량을 확보하려는 절박한 노력을 게을리한 채, 자신의 유전자를 남기지 못하고 사라졌을 가능성이 높다. 이처럼 상실의 고통을 남들보다 더 뼈저리게 느끼는 개체가 생존 경쟁에서 승리하게 된다.

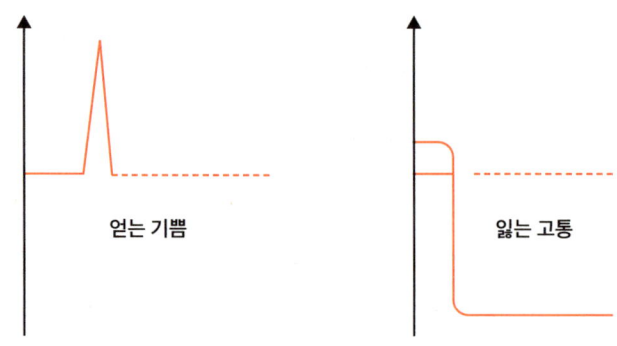

감정의 주인이 되는 첫걸음

당신이 지금 이 글을 읽고 있다는 사실 자체가, 당신 안의 보상 추구와 처벌 회피 시스템이 절묘하게 균형을 이루며 작동하고 있다는 증거다. 우리는 이 시스템들에 휘둘리는 꼭두각시가 아니다. 의식적인 노력과 훈련을 통해 그 작동 방식을 이해하고, 속도와 방향을 조절하며 새로운 선택을 할 수 있는 주체적인 존재다.

핵심은 극단으로 치우치지 않는 균형이다. 자극 시스템에만 이끌려 SNS에 탐닉하는 삶도, 균형 시스템에만 끌려다니며 집 밖으로 한 발짝도 나가지 못하는 삶도 온전한 행복을 줄 수 없다. 우리에게 필요한 것은 이 강력한 4가지 시스템 사이에서 균형을 잡는 법을 배우는 일이다. SNS가 당신을 외롭게 만든다면, 의도적으로 질 좋은 조화 시스템을 찾아 나서야 한다. 화면 속 '좋아요' 대신 친구와 마주 앉아 진짜 대화를 나누고, 단체 채팅방의 피상적인 안부 대신 한 사람과 깊이 있는 시간을 보내는 것이다.

디지털 세상의 불안과 정보 과부하가 당신을 압도한다면, 의도적으로 질 좋은 균형 시스템을 구축해야 한다. 하루 종일 뉴스와 새로운 게시물 알림에 시달리는 대신 정해진 시간에만 정보를 확인하고, 멀티태스킹 대신 한 번에 한 가지에만 집중하는 루틴을 만드는 것이다.

이것이 바로 라이프코드를 이해하는 진짜 목적이다. 무의식적으로 반응하는 대신, 의식적으로 선택하는 것. 다시 말해 디지털이 조작한 치우친 보상에 의존하지 않고, 각 시스템의 본질적 욕구를 건강한 방식으로 충족시키는 것이다.

하루를 마무리하기 전, 오늘 당신이 느낀 감정 중 기억에 남는 2가지를 떠올려보자. 하나는 당신을 미소 짓게 한 긍정적인 감정, 다른 하나는 마음을 불편하게 한 부정적인 감정일 것이다. 아마 그 긍정적인 감정은 당신 안의 보상 추구 시스템이 유쾌하게 작동한 결과일 것이고, 부정적인 감정은 처벌 회피 시스템이 경고등을 켠 순간일 것이다. 그렇다면 왜 하필 그때 그런 감정을 느꼈는지, 지금까지 살펴본 라이프코드의 관점에서 마치 탐정처럼 그 원인을 추적해보는 건 어떨까?

예를 하나 살펴보겠다. 오늘 아침, 나는 정말 오랜만에 대학 시절 룸메이트였던 친구의 반가운 전화를 받았고, 예상치 못한 큰 기뿜을 느꼈다. 이는 명백히 내 안의 조화 시스템이 만족스럽게 작동한 결과였다. 한동안 잊고 지냈던 끈끈한 사회적 연결감이 충족되었기 때문이다. 반면 어제 저녁 퇴근길, 갑자기 쏟아진 장대비에 새로 산 아끼는 구두와 양복 바지가 흠뻑 젖었을 때는 정말이지 머리끝까지 짜증이 치솟았다. 이는 균형 시스템이 발동한 강력한 처벌 회피 신호였다. 예측 가능한 일상과 신체적 온전함이라는 중요한 가치가 심각하게 침해된 상황이었기 때문이다. 결국 나는 그날 밤부터 코를 훌쩍이며 지독한 몸살감기에 걸려 며칠을 앓아누웠다. 균형 시스템의 경고는 틀리지 않았던 셈이다.

당신은 어떤가? 오늘 아침 일찍 운동을 가려 했는데, 늦잠을 자버렸고 그로 인해 속상한 마음이 들었는가? 이는 자기 관리를 하려는 지배 시스템의 목소리가 부족한 잠을 채우고 싶었던 균형 시스템의 목소리에 굴복한 것일 수도 있다. 아니면 운동이 지루하고 재미가 없어, 당신의 자극 시스템을 충족시키지 못해 가기 싫었을 수도 있다. 이와 같이 당신이 오늘 느낀 감정과 의사결정에는 모두 이 4가지 시스템이 줄다리기를 하고 있었다는 것을 알 수 있을 것이다. 감정을 이해하는 순간, 당신은 더 이상 감정의 노예가 아니다.

LIFECODE NOTE 4

1. 우리는 보상을 끊임없이 원하고, 처벌은 피하고 싶어 한다.
2. 그래서 인간은 영원히 만족하지 못하는 동물이며, 이 특성 덕분에 문명을 만들고 진화할 수 있었다.
3. 자신의 감정을 제대로 이해한다면, 더 좋은 선택을 하며 행복해질 수 있다.

5장

액셀과 브레이크 사이에 행복이 있다

연봉 30만 유로(한화 약 5억 원)를 받는 CEO가 될 수 있다. 하지만 가족과 보낼 시간은 없다. 반대로 평범한 직장인으로 살면서 저녁마다 아이들과 함께 식사하고, 주말에는 가족과 소풍을 갈 수도 있다. 하지만 경제적 여유는 포기해야 한다. 만약 둘 중 하나만 선택해야 한다면, 당신은 무엇을 택하겠는가? 성공과 행복, 열정과 안정, 쾌락과 일상 사이에서 우리는 끊임없이 아슬아슬한 균형 게임을 벌인다.

베를린의 잘나가는 IT 기업 부사장, 마틴 뮐러의 이야기를 들어보자. 그는 연봉 30만 유로를 받지만, 매주 55시간 이상을 회사에서 보낸다. 그의 이름은 동료들 사이에서 존경과 부러움의 상징이다. 하지만 이 빛나는 성공 뒤에는 그림자가 드리워져 있다.

10년 전, 신입사원이었던 마틴이 반짝이는 눈으로 이 회사에 처음 발을 들여놓았다. 그때 그의 꿈은 비교적 소박했다.

"팀장만 되면 정말 소원이 없겠어."

하지만 팀장이 되자 본부장 자리가 눈앞에 아른거렸고, 본부장이 되자 임원이라는 더 높은 봉우리가 그를 유혹했다. 이제 임원이 된 그는 누구나 인정하는 성공을 거뒀다. 그러나 집 안 풍경은 점점 더 썰렁해졌다. 아이들의 첫 걸음마, 첫 유치원 발표회, 서툰 솜씨로 건반을 두드리던 첫 피아노 연주회… 그는 이 소중한 순간들을 늘 '긴급 회의' 때문에 놓쳤다.

"아이들이 이제 아빠를 기다리지 않아요. 지난주에는 다섯 살짜리 아들이 그러더군요. '아빠는 맨날 밤늦게 와서 우리랑 놀아주지도 않잖아.'"

이 말을 전하는 아내의 눈가가 촉촉하게 젖어 있었다.

또다시 떠나온 프랑크푸르트 출장길, 텅 빈 호텔방에서 마틴은 손목에 채워진 최신형 롤렉스 시계를 물끄러미 바라보다가 문득 스스로 물었다.

"내가 좇는 성공이 가족을 잃을 만큼 가치가 있을까?"

그의 손목에는 수천만 원짜리 시계가 있지만, 정작 그 시간을 함께 나눌 가족은 옆에 없었다. 하지만 다음 날, 신규 프로젝트의 예산이 삭감되었다는 소식에 그는 언제 그랬냐는 듯 다시 익숙한 욕망에 사로잡힌다.

'더 열심히 해야 해.'

　　마틴의 이야기 반대편 극단에는 철학자 이마누엘 칸트가 있다. 그는 평생 독신으로 매우 절제되고 금욕적인 삶을 살았다. 그의 일과는 칼날처럼 정확해 매일 같은 시간에 일어나 같은 시간에 산책을 하고, 같은 시간에 잠자리에 들었다. 당시 쾨니히스베르크 시민들은 칸트의 산책 시간을 보고 시계를 맞췄을 정도였으니, 그의 규칙성이 얼마나 철저했는지 짐작하고도 남는다. 칸트는 감각적인 즐거움이 이성적 사고를 흐린다고 믿었다. 커피 한 잔조차 정신을 어지럽힌다며 입에 대지 않았다. 하지만 생의 마지막, 병상에 누워 있던 그에게 하인 람페가 처음으로 커피를 건넸다. 평생 세속적 즐거움을 멀리했던 칸트는 그제야 이 음료가 얼마나 맛있고 자극적인지 깨닫고는 무척 놀랐다. 그는 금욕 때문에 평생 미각의 즐거움을 놓쳤다는 사실에 죽을 때까지 분개했다.

　　너무 많은 것을 가지려 하는 사람과 모든 것을 거부하는 사람 모두 같은 후회를 떠안았다. 왜 우리는 이토록 삶의 균형을 잡는 데

서툰 걸까? 삶이란 본래 양극단을 오가는 긴장과 모순의 연속이기 때문이다. 이런 삶 속에서 올바른 방향을 찾고 현명한 결정을 내리는 것은 지극히 어려운 과제다. 모든 갈등의 시작점은 바로 우리 내면의 감정 시스템에 있다.

우리의 감정은 빨랫줄에 널린 빨래처럼 제각각 흩어져 있는 존재가 아니다. 오히려 보이지 않는 정교한 원리에 따라 서로 긴밀하게 얽혀 있다. 그리고 이 원리야말로 라이프코드의 핵심이다. 지금부터 감정들이 어떻게 충돌하고 화해하며 마침내 균형을 이루어내는지, 그 메커니즘을 들여다보자.

당신의 뇌는 무엇을 택할 것인가?

다음 도표를 한번 보자. 이 간단한 도표는 우리의 감정 시스템이 뇌 속에서 어떻게 배치되어 상호작용하는지를 보여준다. 상단에는 지배 시스템과 자극 시스템이, 하단에는 균형 시스템이 자리 잡고 있다. 이 배치는 마치 자동차의 액셀과 브레이크처럼, 감정이 서로를 견제하고 보완하며 작동한다는 것을 직관적으로 보여준다.

도표의 상단을 보면, 우리를 앞으로 나아가게 하는 2가지 강력한 추진력이 있다. 바로 새로운 경험과 변화를 추구하는 자극 시스템과 더 높은 성취와 영향력을 갈망하는 지배 시스템이다. 이 두

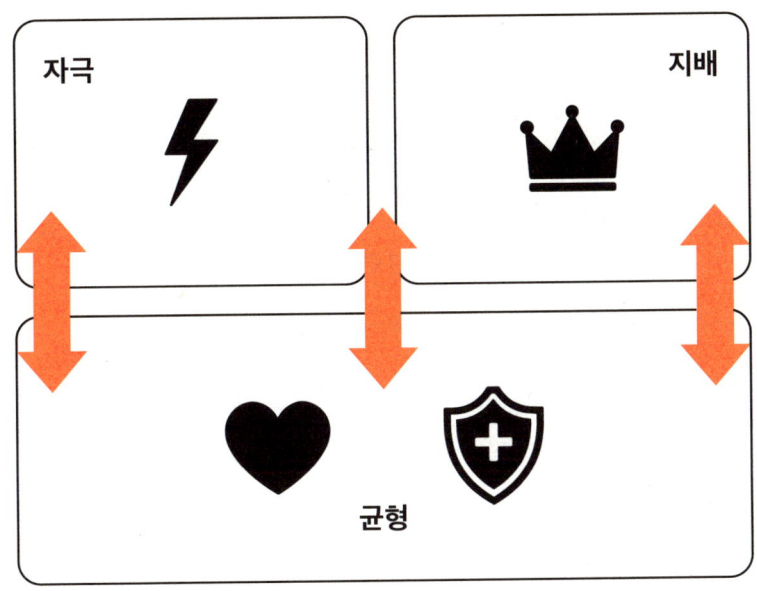

시스템은 뇌의 적극적이고 외향적인 영역에 자리 잡고서 우리를 끊임없이 도전과 성장으로 몰아간다. 마틴 뮐러의 끝없는 성공 추구가 바로 이 시스템의 작동 결과다.

반면 도표의 하단에 위치한 균형 시스템은 추진력을 제어하고 조절하는 역할을 한다. 이 시스템이 다른 두 시스템의 아래쪽에 위치한 것은 우연이 아니다. 과도한 위험과 무모한 도전으로부터 우리를 보호하며 "지금 이대로가 안전해!", "섣불리 뛰어들지 마!"라고 경고를 보낸다. 칸트의 금욕적인 삶은 이 시스템이 지나칠 정도로 강하게 작동한 결과였다.

액셀과 브레이크 사이에 존재하는 인간

우리의 감정 시스템, 즉 앞으로 나아가려는 액셀의 추진력과 이를 제어하는 브레이크의 본질을 이해하려면 그 진화적 기원과 생물학적 배경을 들여다볼 필요가 있다.

지배 시스템은 흔히 '남성 호르몬'으로 불리는 테스토스테론과 깊은 관련이 있다. 이 호르몬은 남성과 여성 모두에게 존재하지만, 남성이 평균적으로 여성보다 10배 많이 지닌다. 왜일까? 원시 시대, 험난한 환경에서 살아남기 위해서는 싸움이 필수였기 때문이다. 테스토스테론은 근육을 키우고 공격성을 높여 사냥과 방어, 자원 경쟁에서 생존을 가능하게 했다. 연봉 30만 유로에도 만족하지 못한 마틴 뮐러의 끝없는 성공 추구 역시 이 호르몬이 만들어낸 추진력의 결과다.

또 다른 액셀인 자극 시스템은 도파민, 이른바 '의욕 호르몬'과 함께 작동한다. 도파민은 흔히 쾌감 호르몬이라고 알려져 있지만, 실제로는 단순한 쾌감을 넘어 새로운 경험을 갈망하고 목표를 향해 달리게 하는 동력이다. 파킨슨병 환자들을 보면 이 도파민의 중요성을 아주 확실하게 알 수 있다. 그들은 뇌에서 도파민을 생성하는 세포가 손상되어 간단한 움직임조차 힘들어지고, 몸이 자신의 의지대로 움직이지 않으며, 손 떨림과 느린 걸음걸이로 일상에 많은 제약이 생긴다.

이 두 시스템은 우리를 끊임없이 새로운 행동으로 이끈다. 자극 시스템은 미지의 세계를 탐험하고 새로운 경험을 추구하도록 우리를 유혹하고, 지배 시스템은 경쟁을 통해 더 나은 지위를 확보하고 도전을 통해 자신의 능력을 증명하도록 우리를 부추긴다. 원시시대였다면 이런 강력한 욕구들은 사실 꽤나 위험천만한 결과를 초래했을 것이다. 새로운 곳을 탐험하다 굶주린 맹수를 만나거나 독초를 먹을 수도 있고, 다른 누군가와 경쟁하다 목숨을 잃는 환경에 더 많이 노출되도록 만들기 때문이다.

이를 제어하기 위해 균형 시스템과 조화 시스템이 존재한다. 이들은 본능적으로 안전을 추구하고 위험을 회피하려 하며 타인과의 협력을 통해 생존 가능성을 높인다. 이마누엘 칸트의 금욕적 삶은 균형 시스템의 과도한 작동이었지만, 결국 그는 삶의 즐거움을 놓쳤다. 우리는 늘 열망과 안전, 개인의 성취와 집단의 안정 사이에서 아슬아슬한 줄타기를 한다.

프랑스의 위대한 수학자이자 철학자인 블레즈 파스칼은 인간 내면의 이러한 복잡한 긴장 관계를 일찍이 간파하고 다음과 같이 표현했다. "인간의 모든 불행은 한 방에서 조용히 머물지 못하는 데서 비롯된다." 동양의 공자는 "지나치거나 모자람이 없는 중용中庸이 최고의 덕"이라 했고, 아리스토텔레스는 "모든 덕은 2가지 극단적인 악덕 사이의 중간에 존재한다"고 말했다. 이들은 모두 라이프코드의 핵심, 즉 행복과 평온은 상반된 욕구들 사이의 균형에서 나온다고 보았다. 어쩌면 뇌는 진화를 통해 이 균형의 진리를 이들보다 먼저 알고 있었는지도 모른다.

감정의 교차점: 우리 안의 복합감정

지금까지 삶을 이끄는 감정적 긴장과 그 배경을 살펴보았다. 하지만 한 가지 더 짚어야 할 점이 있다. 우리의 감정 시스템은 결코 독립적이거나 순차적으로만 작동하지 않는다는 사실이다. 이들은 종종 동시에 복합적으로 얽히며, 미묘하고 다채로운 새로운 감정을 만들어낸다. 주요 감정 시스템의 조합은 다음과 같은 독특한 특성을 낳는다.

- **통제: 지배 시스템+균형 시스템**

    책상 위를 깔끔히 정리하고, 하루를 철저히 계획하며, 모든 게 내 손안에 있다고 느낄 때 마음이 차분해지는가? 이는 균형 시스템의 안정감과 지배 시스템의 주도적 쾌감이 얽힌 결과다. "이건 이렇게, 저건 저렇게!"라며 단호히 업무를 지시하는 리더나 규칙을 하나하나 꼼꼼히 지킬 때 비로소 안도하는 사람은 통제 성향이 강한 이들이다.

- **개방성: 자극+조화**

    낯선 도시로 훌쩍 떠나 현지인들과 스스럼없이 이야기를 나누며 마음이 열리는 순간을 떠올려보자. 자극 시스템은 우리를 미지의 세계로 이끌고, 조화 시스템은 그 안에서 따뜻한 연결을 맺게 한다. 새로운 취미를 탐닉하고, 그 속에서 친구를 사귀며 삶을 확장하는 사람들은 개방성이 높은 이들이다. 그들의 마음 문턱은 낮고, 삶은 그만큼 풍부하다.

- **모험: 자극+지배**

    안전한 포장도로를 두고 험한 산길을 택하거나 익숙한 일상을 버리고 가슴 뛰는 도전에 나선다면 당신은 모험 본능이 꿈틀대는 사람이다. 자극 시스템은 미지의 세계로 뛰어들게 하고, 지배 시스템은 새로운 세계에서 한계를 시험하며 성취를 갈망하게 한다. 고난을 이겨내고 "내가 해냈다!"는 짜릿함을 맛보는 이들은 위험과 성취의 복합감정을 사랑한다.

다음의 그림은 이 복합감정의 지형도를 한눈에 보여준다.

이 그림에서 특히 주목할 점은 성(性)과 관련된 영역이다. 남녀의 성적 욕구는 모두 자극 시스템의 흥분과 보상 추구 시스템의 즐거움에서 시작된다. 하지만 남성과 여성은 종종 다른 방향으로 나아간다. 남성의 경우, 테스토스테론이 성적 욕망과 지배 시스템의

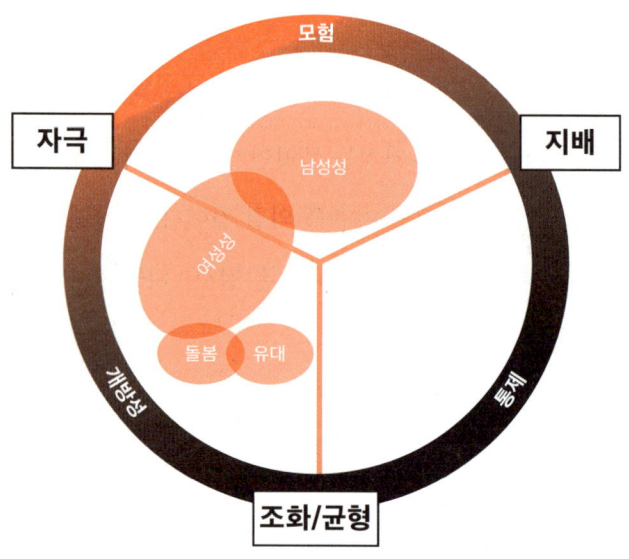

경쟁·성취 욕구를 강화한다. 반면 여성은 에스트로겐과 옥시토신 같은 호르몬의 작용으로, 성적 욕구가 조화 시스템의 정서적 유대와 돌봄에 더 깊이 연결되는 경향이 있다.

    물론 이는 절대적인 구분이 아니다. 모든 남성이 지배적인 성향을 보이고, 모든 여성이 조화로운 성향을 보이는 것은 아니다. 이는 수많은 연구에서 나타난 통계적 성향일 뿐이다. 지배적 성향의 여성도, 돌봄 의식이 강한 남성도 얼마든지 존재한다. 이 도표는 고정관념을 강화하려는 것이 아니라 감정 시스템의 일반적 패턴을 보여주는 참고일 뿐이다.(이 내용에 대해서는 9장에서 더 깊이 다룰 예정이다.)

감정에서 가치 판단으로

당신이 목숨처럼 여기는 가치는 무엇인가? 어떤 이는 평화를, 다른 이는 정의를, 또 다른 이는 자유를 외칠 것이다. 그런데 한번 생각해보자. 이 가치들은 대체 어디에서 온 걸까? 하늘에서 뚝 떨어진 절대불변의 진리는 아닐 것이다.

놀랍게도 당신이 '가치'라고 부르는 모든 신념은 사실 우리 뇌 속 깊숙이 새겨진 감정 프로그램에 붙여진 또 다른 이름일 뿐이다. 이게 무슨 말일까? 아주 간단하다. 우리가 용기와 모험이라는 가치를 숭배하는 이유는, 그것이 우리 내면의 자극 시스템을 건드려 짜릿한 흥분과 쾌감을 주기 때문이다. 안정과 신뢰를 무엇보다 소중히 여기는 이유는, 균형 시스템이 원하는 바가 채워질 때 느끼는 깊은 평온함 때문이다. 질서와 성과를 최고의 가치로 여기는 사람은 지배 시스템의 강력한 통제욕이 충족될 때 만족감을 느낀다.

다음 도표에서 우리가 추구하는 가치가 4가지 시스템 중 어느 곳에 위치하는지 확인해보자.

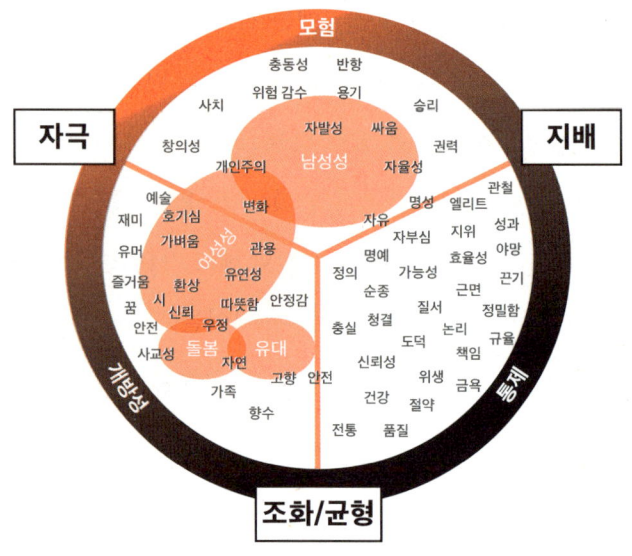

현상 유지 vs 변화 추구

현상 유지와 변화 추구 사이의 갈등은 감정 시스템의 핵심 충돌이다. 한쪽에서는 균형 시스템이 "지금 이대로 안전해!"라며 현상 유지를 외치고, 다른 쪽에서는 자극 시스템이 새로운 경험을 유혹한다. 이 갈등이 일상에서 어떻게 나타나는지 살펴보자.

당신은 지금 가족과 함께 대도시에서 살고 있다. 아이들은 학교에서 좋은 친구들을 사귀었고, 이웃들과는 주말마다 바비큐 파티를 할 정도로 친하다. 스포츠 클럽, 병원, 마트는 도보 10분 거리에 있고, 직장까지는 차로 15분밖에 걸리지 않는다. 이제 내 집을 짓고 싶지만, 안타깝게도 그 지역에는 건축 부지가 없다. 그래서 주변을 둘러보다가 멋진 부지를 발견한다. 창문 너머로 사계절 숲이 병풍처럼 펼쳐지고, 전망은 숨이 멎을 듯 아름답다. 넓은 마당에서 아이들이 마음껏 뛰어놀고, 그동안 꿈꿔온 정원 가꾸기나 목공 같은 취미도 즐길 수 있을 것 같다. 생각만 해도 가슴이 설렌다.

하지만 여기에는 대가가 따른다. 아이들은 다른 학교로 옮겨야 하고, 직장까지의 거리는 두 배로 늘어나며, 마트는 차로만 갈 수 있다.

당신의 뇌에서는 열띤 토론이 벌어진다.

- **자극 시스템**: "저 전망 좀 봐! 매일 아침 새소리를 들으며 일어날 수 있다니!"
- **균형 시스템**: "지금 이 안정된 생활을 왜 바꾸려고 해? 모든 게 불확실해질 텐데…."
- **조화 시스템**: "아이들이 친구들과 헤어지면 얼마나 힘들까…. 이웃들과도 정이 들었는데."
- **지배 시스템**: "드디어 내 꿈의 집을 짓는 거야. 이건 성공의 상징이야!"

새로운 시작과 현상 유지 사이에서 감정 시스템들은 저마다 다른 목소리를 내며 갈등한다.

앞으로 이 책의 다양한 예시들을 읽으며 각 상황에서 당신 안의 어떤 목소리가 가장 크게 울리는지 찾아보자. 어떤 목소리가 가장 작게 속삭이는지도 함께 말이다. 더 나아가 이런 상상도 해보자. 만약 당신의 부모님이라면, 가장 친한 친구라면, 혹은 당신이 지지하거나 반대하는 정치인이라면 같은 상황에서 어떤 선택을 할까? 그들의 내면에서는 어떤 시스템의 목소리가 가장 강력한 영향력을 행사하고 있을까?

진보 vs 보수: 사회적 갈등의 뿌리

진보와 보수의 갈등은 개인을 넘어 사회에서도 나타난다. 독일의 '슈투트가르트 21' 프로젝트를 둘러싼 해묵은 논쟁이 대표적인 사례다. 이 프로젝트는 90억 유로(약 14조 원)가 넘는 예산을 투입해 100년 된 도시의 지상역을 최첨단 시설을 갖춘 지하역으로 바꾸고, 철도 부지를 새로운 상업·문화 공간으로 탈바꿈시키는 초대형 도시 개발 계획이다.

하지만 1994년 처음 계획이 발표된 후 거의 한 세대에 걸쳐 논쟁이 이어졌고, 2010년 첫 삽을 뜨면서 찬반 갈등은 절정에 달했다.

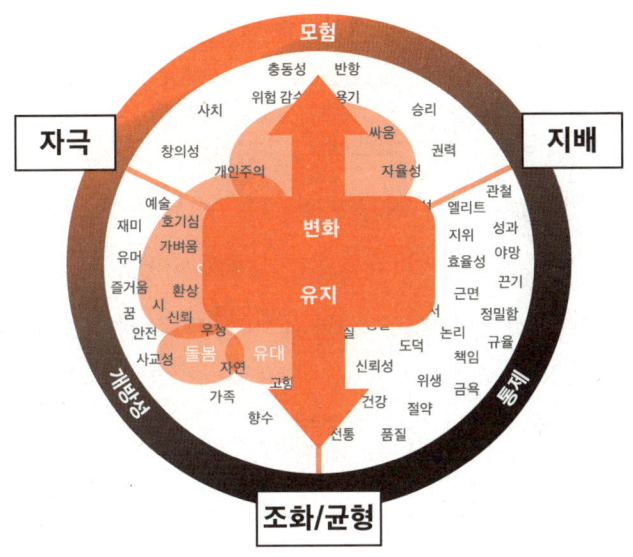

찬성파(자극/지배 시스템)

- **자극 시스템:** "슈투트가르트 21은 우리 도시에 혁신적인 가능성을 열어줄 것입니다. 지하를 가로지르는 고속철도와 새로운 도시 공간…. 우리가 기다려온 변화입니다."

- **지배 시스템:** "이 프로젝트를 통해 슈투트가르트는 유럽의 경제 중심지로 도약할 것입니다. 우리가 이 변화를 주도해야 합니다."

반대파(주로 균형/지배 시스템)

- **지배 시스템(통제):** "이 무모한 프로젝트는 우리 도시의 정체성과 역사적 가치를 훼손할 것입니다. 기존 시스템을 지키는 것이 이

슈투트가르트 21 조감도

슈투트가르트 21 반대 시위 사진

지역의 영향력과 위상을 보존하는 길입니다."

- **균형/조화 시스템:** "90억 유로라는 천문학적인 예산은 너무나 위험한 도박입니다. 프로젝트가 실패한다면 도시는 재정적 파탄에 직면할 수 있습니다. 환경과 야생동물들도 피해를 입을지 몰라요."

이 프로젝트는 단순한 건설 사업을 넘어 진보와 보수, 변화와 전통의 충돌을 상징하는 사례가 되어버렸다. 겉으로는 낡은 기차역을 새로 짓는 문제처럼 보이지만, 그 깊숙한 이면에는 감정 시스템의 복잡하고도 치열한 상호작용이 숨어 있다. 미래 도시의 발전과 혁신을 추구하는 목소리는 자극 시스템의 열망을 대변한다. 반면 도시의 역사와 익숙한 풍경을 지키려는 현상 유지의 목소리는 공동체의 안정과 전통을 중시하는 조화 시스템에 깊이 뿌리내리고 있다.

당신이라면 이 상황에서 어떤 입장을 지지하겠는가? 이러한 거대한 규모의 프로젝트를 둘러싼 사회적 갈등은 아마 앞으로도 우리 주변에서 계속 반복될 것이다. 이러한 갈등의 양상을 통해 서로 다른 가치관과 우선순위를 지닌 사람들의 내면에서 어떤 라이프코드가 더 강하게 작동하는지를 살펴보면 그 복잡한 심리적 배경을 어느 정도 이해할 수 있다.

그렇다면 과연 이 논쟁에서 누가 옳고 누가 그른 것일까? 슈투트가르트 21 프로젝트를 둘러싼 이 논쟁의 승자를 당장 가려내기

는 불가능하다.° 이 프로젝트는 2가지 길 중 하나를 걸을 것이다.

막대한 재정적 부담과 기술적 난관에 부딪혀 실패로 끝날 수도 있다. 반대로 모든 우려를 극복하고 도시에 새로운 활력을 불어넣으며 유럽 교통의 혁신을 이뤄낼 수도 있다.

독일 현대사를 보면, 이런 대형 국책 프로젝트들의 눈부신 성공과 처참한 실패 사례를 모두 어렵지 않게 찾아볼 수 있다. 뮌헨 국제공항의 성공적인 이전이나 통일 독일의 수도를 본에서 베를린

○ 역자 주: 슈투트가르트 21 프로젝트는 1994년 공식 발표된 이후, 예산 초과를 이유로 계속 지연되고 있다. 2010년 착공 이후 공사 일정이 여러 차례 조정되었고, 완공 시점도 계속 미뤄져서 2026년 12월로 연기되었다. 이 프로젝트의 성패는 아직 좀 더 살펴보아야 한다.

으로 옮겼던 역사적인 결정은 변화가 가져온 긍정적인 결과를 잘 보여주는 사례다. 하지만 그 반대의 경우도 물론 있었다. 함부르크의 엘프 필하모니 콘서트홀이나 베를린 신공항 건설은 국가 수준의 재정 위기를 불러올 뻔한 참사였다. 결국 작가 헤르만 헤세의 말처럼 모든 새로운 것과 우리가 아직 가보지 않은 미지의 것에는 항상 짜릿한 기대감과 함께 예측 불가능한 위험이 그림자처럼 따르는 법이다.

커리어 vs 가족과의 시간

지배 시스템과 조화 시스템은 서로 정반대의 가치를 추구하기 때문에 이 둘의 충돌은 우리 삶에서 제법 큰 갈등을 만들어낸다. 마틴 뮐러를 다시 떠올려보자. 그는 높은 연봉과 지위를 얻었지만, 가족과의 시간을 잃었다. 호텔방에서 롤렉스 시계를 보며, 이 성공이 가족을 잃을 만큼 가치가 있는지 고민한다. 하지만 다음 날 아침, 프로젝트 예산이 삭감되었다는 소식을 듣자마자 그는 다시 '더 성공해야 한다'는 욕망에 사로잡힌다.

- **지배 시스템:** 더 높은 위치에 오르려면 이 정도 희생은 감수해야 해. 그리고 내가 이렇게 성공하는 건, 결국 우리 가족의 미래

를 위한 거야.

- **조화 시스템**: "아빠는 왜 맨날 회사에서 살아?"라는 아이의 말에 가슴이 철렁했어. 가족을 잃으면 성공이 다 무슨 소용이지?

이런 지긋지긋한 갈등이 우리 안에서 끊임없이 벌어지는 이유는 무엇일까? 아주 간단하다. 우리 내면의 지배 시스템은 본능적으로 더 큰 성공, 더 강한 영향력, 더 많은 사람의 인정과 부러움을 갈망한다. 반면 조화 시스템은 가족과 함께 나누는 따뜻한 저녁 식사, 아이의 재롱을 보며 웃는 소소한 기쁨, 사랑하는 배우자와 손잡고 걷는 주말 오후의 한적한 산책처럼 작지만 진실되고 의미 있는 순간들을 무엇보다 소중히 여긴다.

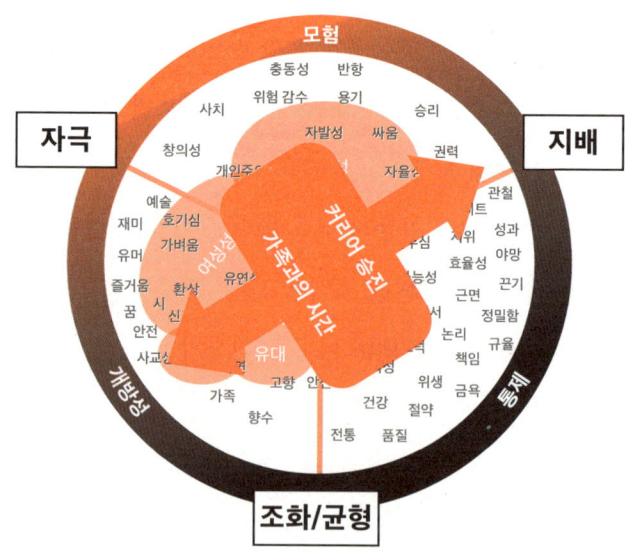

내면의 목소리들이 충돌할 때, 우리는 어떤 선택 앞에 서게 될까? 먼저 기억해야 할 것이 있다. 이 문제에 '정답'은 없다는 사실이다. 저마다의 기질과 가치관, 처한 현실이 다르기에 최선의 선택 역시 사람마다 다를 수밖에 없다.

그럼에도 불구하고 변치 않는 사실이 하나 있다. 가족과 함께 하는 시간은 강물과 같아서, 한 번 흘러가면 다시는 되돌릴 수 없다는 것이다. 10장에서 다루겠지만, 영유아기와 청소년기는 뇌가 폭발적으로 발달하고 평생의 가치관이 형성되는 결정적인 시기다. 이때 부모와 충분한 시간을 보내며 쌓는 정서적 유대감은 한 아이가 온전한 어른으로 성장하는 데 있어 무엇과도 바꿀 수 없는 자양분이 된다.

실제로 테슬라의 괴짜 천재 일론 머스크, 핀터레스트의 창업자 벤 실버먼, 넷플릭스 제국을 건설한 리드 헤이스팅스와 같이 세상을 바꾼 혁신적인 기업가들의 삶을 들여다보면 한 가지 흥미로운 공통점을 발견할 수 있다. 그들은 사업적으로 가장 치열하고 중요한 시기에도, 결혼이나 출산 같은 인생의 중대한 개인사 앞에서는 일보다 가족을 선택했다. 그리고 그들은 가족과 함께 보내는 시간을 상실이나 경력의 공백이 아닌 창의성과 인간적 통찰의 원천으로 삼았다.

때로는 목표를 향해 과감하게 일에 몰두해야 하는 시간도 분명 필요하다. 하지만 인생의 중요한 순간들, 특히 사랑하는 사람들과의 관계에서는 일보다 가족과 함께하는 시간을 선택하는 것이 결코 잘못된 결정이나 실패가 아님을 기억하는 것이 중요하다.

나의 취미 vs 연인과의 시간

토마스는 친구와 함께 주말에 산악 자전거를 타기로 약속했다. 그런데 그의 여자친구인 안나가 하필이면 바로 그날, 함께 조용한 공원을 산책하며 그동안 못다 한 이야기를 나누고 싶다고 했다. 토마스가 주저하자, 안나는 토마스가 너무 이기적이라며 자신과의 관계를 전혀 진지하게 생각하지 않는다고 비난했다.

여기서 벌어지는 갈등의 근본적인 원인도 앞서 살펴본 마틴 밀러의 고민과 크게 다르지 않다. 바로 더 강렬한 자극과 성취를 추구하는 '지배+자극' 시스템의 목소리와 안정적인 관계와 정서적 교감을 중시하는 '조화+균형' 시스템의 목소리가 정면으로 충돌하고 있는 것이다.

- **토마스(지배+자극):** "산악 자전거로 내 한계에 도전하고 싶어. 이 짜릿한 스릴과 성취감은 내 삶의 원동력인데, 왜 못하게 하지? 정말 숨 막혀."
- **안나(조화+균형):** "우리 함께 보내는 시간이 점점 줄어드는 것

같아…. 조용히 산책하면서 이야기도 나누고 싶은데 토마스는 나보다 친구가 더 중요한 건가?"

사실 이런 갈등은 연인 사이에서 너무나 흔하게 일어난다. 연인이나 부부 사이 다툼의 90% 이상은 서로의 성향 차이를 이해하지 못해 생겨난다. 일반적으로 여성은 관계의 안정과 정서적 교감을 중시하는 '균형+조화' 시스템이 강하다. 반면 남성은 새로운 자극과 성취를 추구하는 '자극+지배' 성향이 두드러져, 때로는 연인의 요구를 답답하게 느낄 수 있다.

건강한 관계의 핵심은 충분한 대화를 통해 서로의 라이프코드를 이해하고 그 차이를 존중하려는 노력이다. 예를 들어, 토마스는 "왜 내 유일한 취미까지 간섭해? 너무 이기적이다!"라고 비난하기보다 "이번 주는 친구와 약속이 있어. 대신 다음 주말에는 꼭 함께 시간을 보내자"고 말하는 편이 낫다. 안나도 "자전거가 나보다 중요하다는 거야!"라며 감정적으로 폭발하기보다는, "알겠어. 당신이 자전거를 좋아하는 걸 이해해. 다음 주에는 나와 데이트하자"며 상대의 욕구를 인정하면서 자신의 바람을 명확히 표현해야 한다.

남의 연애는 객관적으로 볼 수 있지만, 정작 내 연애는 잘 모르는 법이다. 당신이 상대방에게 깊이 서운했던 순간을 떠올려보라. 어떤 라이프코드가 충돌했는지, 상대의 입장에서는 그 상황이 어떻게 보였을지 생각해보자.

즐거움 vs 책임감

자, 이번에는 또 다른 종류의 내적 갈등을 살펴보자. 바로 '오늘의 짜릿한 즐거움'과 '내일의 피할 수 없는 책임감' 사이의 영원한 딜레마다. 알렉산더는 스무 살 대학생으로, 지금 막 수요일 밤에 열린 파티에 와 있다. 분위기는 그야말로 최고조다. 귀를 때리는 신나는 음악, 재치 넘치는 사람들, 그리고 테이블 위에는 끝없이 제공되는 달콤한 데킬라가 넘쳐흐른다. 하지만 바로 그 황홀한 순간, 무심코 시계를 본 알렉산더의 얼굴이 살짝 굳는다. 시간은 이미 밤 1시를 훌쩍 넘기고 있었다.

문제는 이 파티가 하필이면 평일인 수요일 밤에 열렸다는 것이다. 목요일 아침 9시에는 악명 높은 교수님의 중요한 실습 수업이 있고, 그 교수님은 단 1분의 지각도 용납하지 않는 것으로 유명하다. 게다가 이번 실습 시간에는 학기 성적의 무려 30%를 차지하는 중요한 과제 발표까지 예정되어 있었다.

알렉산더의 머릿속은 지금 두 개의 목소리로 시끄럽다.

- **자극 시스템:** "아, 이대로 끝내긴 아쉬워. 이렇게 즐거운 건 정말 오랜만인데! 한 잔만 더하고…."
- **균형+지배 시스템(통제):** "정신 차려. 실습에 늦거나 준비 안 된 모습을 보이면 이번 학기 학점이 위험해. 게다가 교수님께 좋

은 인상을 남기고 싶었잖아."

이런 갈등의 원인은 너무나도 분명하다. 한쪽에는 지금 이 순간의 즐거움과 새로운 경험을 강렬하게 갈망하는 자극 시스템이 있고, 다른 한쪽에는 미래의 위험을 예방하고 계획대로 성과를 내려는 균형 시스템과 지배 시스템이 만나 만들어낸 통제 혹은 책임감이라는 가치가 팽팽하게 맞서고 있는 것이다. 다음 도표를 보면, 재미(즐거움)와 의무라는 두 가치가 복합감정의 지도 위에서 얼마나 극단적으로 서로 반대편에 위치하는지 한눈에 알 수 있다.

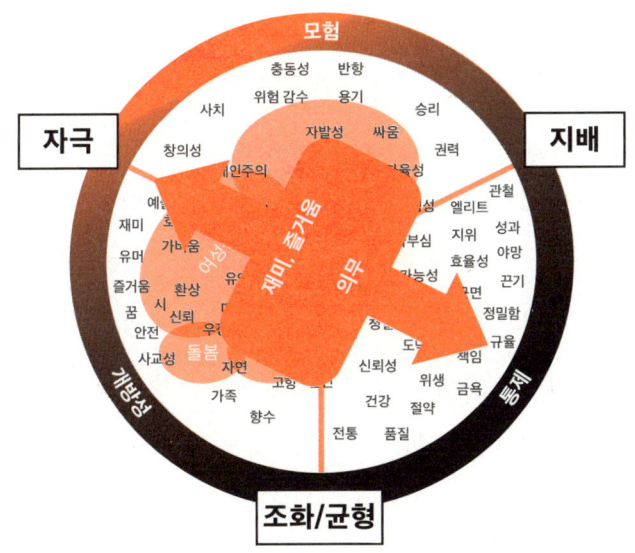

삶은 선택과 책임의 연속이다. 우리가 내리는 모든 결정에는 그에 상응하는 결과가 따른다. 만약 알렉산더가 중요한 실습 준비 대신 밤샘 파티를 택했다면, 결국 낙제점을 받고 졸업에 차질을 빚게 될 것이다. 결과에 대한 책임은 오롯이 그 선택을 한 알렉산더 본인의 몫이다.

이 냉정한 법칙을 가장 극명하게 보여주는 이야기가 바로 '개미와 베짱이'다. 여름 내내 땀 흘리며 부지런히 식량을 비축한 개미와 달리, 베짱이는 매일 기타를 치며 노래만 불렀다. 그 결말은 혹독한 인과응보를 보여준다. 게으른 베짱이는 춥고 굶주린 겨울을 맞는다. 요즘 세대는 이 이야기를 통쾌하게 비틀어 재해석한다. 새로운 결말에서 개미의 성실함은 과로사라는 비극으로 끝나고, 베짱이의 '딴따라' 기질은 그를 세계적인 록스타로 만들며 돈방석에 앉게 한다.

지금까지 계속 강조했듯이, 세상에는 절대적인 정답이 존재하지 않는다. 중요한 실습 수업을 건너뛰고 밤새 파티를 즐긴 학생이 그 경험을 바탕으로 유명한 DJ나 성공한 클럽 운영자가 될 가능성도 분명히 있다. 세상일은 종종 우리의 예측을 벗어나 흘러가니 말이다.

그렇기 때문에 자신의 타고난 라이프코드와 성향, 그리고 주변 환경과 자신이 처한 상황을 최대한 정확하게 이해하는 것이 중요하다. 파티에서 더 놀고 싶은 강렬한 마음은 무엇을 의미할까?

중요한 실습 수업을 회피하려는 방어기제일 수도 있고, 그 실습 과목이 자신의 적성과 맞지 않는다는 무의식의 신호일 수도 있다. 더 나아가, 파티와 같은 사교적인 환경이나 엔터테인먼트 분야에 흥미를 느끼는 '자극 추구' 성향이 더 큰 재능으로 발현될 수 있다는 가능성의 예고일지도 모른다. 어느 쪽이 진실인지는 오직 스스로 깊이 성찰해야만 알 수 있다. 그리고 어떤 길을 선택하든, 그 선택이 가져올 결과와 책임을 온전히 감당할 용기가 필요하다.

행복은 중간에 있다

지금까지 감정 시스템들을 설명하면서 '자극'과 '지배'는 우리 삶의 액셀 페달처럼 앞으로 나아가게 하는 역할을 하고, '균형'과 '조화'는 브레이크 페달처럼 속도를 조절하고 위험을 막는 역할을 한다고 했다. 이 간단한 비유를 통해 우리는 한 가지 중요한 사실을 알 수 있다. 우리가 그토록 찾아 헤매는 행복은 어느 한쪽으로 치우친 극단적인 상태가 아니라 양극단 사이에 긴장감 넘치는 중간 지점 어딘가에서 절묘하게 균형을 이룰 때 비로소 발견된다는 점이다. 액셀만 계속 밟는 자동차는 결국 통제 불능 상태에 빠져 충돌하거나 도로를 이탈하게 될 것이고, 반대로 브레이크만 꽉 잡고 있는 자동차는 아무 데도 가지 못한 채 그 자리에 멈춰 있을 뿐이다.

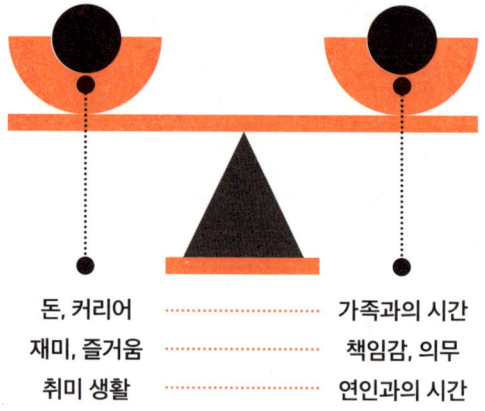

돈, 커리어	가족과의 시간
재미, 즐거움	책임감, 의무
취미 생활	연인과의 시간

　일에만 몰두해 가족을 등한시하는 아버지는 좋은 아버지라고 불리기 어렵다. 반대로 일을 전혀 하지 않고 매일 아이들과 놀아주기만 하는 아버지도 책임감 있는 가장이라고 보기는 어렵다.
　결국 우리는 매 순간 선택을 하며 살아간다. 이때 자신의 본질적인 특성과 현재 상황을 명확히 인식하는 것이 무엇보다 중요하다. 그리고 동시에 내가 내린 결정이 한쪽으로 지나치게 기울지는 않았는지, 그래서 다른 소중한 가치들을 놓치고 있지 않은지 끊임없이 점검하고 되돌아보는 과정도 필수적이다. 아슬아슬한 외줄 위에서 양팔을 벌려 균형을 잡듯, 우리 삶의 다양한 가치들 사이에서 자신만의 최적의 균형점을 찾는 것, 그것이 행복으로 가는 길이다.

LIFECODE NOTE 5

1. 우리는 하루에도 수십 개의 선택을 한다. 그 선택은 결국 우리 안의 4가지 감정 시스템 중 어느 쪽이 방향키를 잡았는가에 달려 있다.
2. '지배'와 '자극'은 당신을 앞으로 나아가게 하고, '조화'와 '균형'은 제동을 거는 역할을 한다.
3. 양극단을 택하기보다 중간 지점을 찾아가는 과정이 행복으로 가는 길이다.

2부

우리는 왜 다르게 살아가는가

6장

나와 타인을 위한 성격 사용 설명서

'저 사람은 왜 저럴까?'

우리는 종종 이런 생각을 한다. 하지만 이제 당신은 다르다. 사람을 바라보는 시선이 이미 달라지기 시작했기 때문이다.

'아, 저 상사는 통제 시스템이 강해서 일이 뜻대로 흘러가지 않으면 화를 내는 거구나.'

'나는 조화 시스템이 강해서 사람 만나는 걸 좋아하는 거였어.'

이제 이런 정도는 어렴풋이 짐작할 수 있게 되었을 것이다.

본격적으로 사람을 보는 눈을 길러보자. 이 장을 마치고 나면, 당신은 누군가의 몇 가지 행동만 보고도 그 사람의 라이프코드를 읽어낼 수 있게 된다. 직장에서, 가족 모임에서, 친구들 사이에서 사람들의 진짜 모습이 보이기 시작할 것이다.

그리고 언젠가는 누군가로부터 이런 말을 듣게 될지도 모른다. "넌 정말 통찰력이 있구나. 사람을 참 잘 보네."

사람들은 왜 이렇게 성격이 제각각일까?

우리 안의 감정 시스템 조합은 과연 어떻게 결정되는 걸까? 그 답은 타고난 기질과 살아온 환경의 합작품에 있다.

첫째, 유전자가 밑그림을 그린다. 부모에게서 물려받은 DNA는 성격의 기본 틀을 제공한다. 어떤 아이는 태어날 때부터 새로운 것에 호기심이 많고, 어떤 아이는 본능적으로 조심스럽다. 이는 수백만 년의 진화 과정에서 각인된 생존 전략의 다양성이다.

둘째, 경험이 색채를 입힌다. 특히 어린 시절, 스펀지처럼 모든 것을 흡수하는 시기의 경험은 성격 형성에 결정적인 영향을 미친다. 권위적인 부모 밑에서 경쟁을 당연시하며 자란 아이는 성취 지향적 성향을 띠기 쉽다. 반대로 불안정한 환경에 자주 노출된 아이는 세상을 조심스럽게 대하는 안정 추구형 성향이 두드러진다.

셋째, 문화가 최종 윤곽을 더한다. 사회가 암묵적으로 전하는 "이렇게 살아야 성공한다"는 메시지에 따라 자신도 모르게 선택을 하게 된다. 우리는 자유롭게 모든 것을 선택한다고 믿지만 실은 유전자, 경험, 문화라는 세 가닥의 실로 짜인 그물 안에서 움직인다.

실리콘밸리를 상상해보자. 그곳에서는 매일 새로운 아이디어가 넘쳐흐르고, 실패는 성공의 디딤돌로 여겨진다. 이는 자극과 모험이 꽃피우기에 완벽한 환경이다. 반면 브라질 리우데자네이루에서는 '지금 이 순간의 즐거움'과 '사람들과의 교류'가 더 중요한 가치로 여겨진다. 이는 조화와 개방성이 존중받는 문화다.

결국 우리의 독특한 성격은 여러 요소가 어우러진 결과물이다. 태어날 때 주어진 유전자라는 밑그림 위에, 살아가며 겪는 수많은 경험이 섬세한 선을 그리고, 사회와 문화가 다채로운 색을 더한다. 이 모든 것이 한데 어우러져 세상에 단 하나뿐인 '나'라는 존재의 특별한 개성을 만들어낸다.

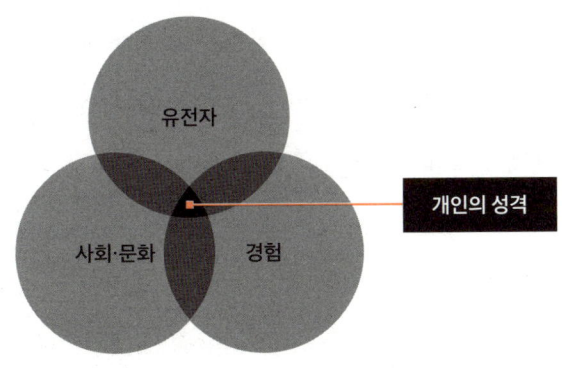

라이프코드로 본 4인 4색 성격 유형

자, 이제부터 구체적인 인물을 통해 라이프코드의 4가지 목소리가 어떻게 한 사람의 독특한 성격을 만들어내는지 자세히 살펴보겠다.

팀의 감정 시스템: 브레이크 없는 슈퍼카

팀의 감정 시스템은 자극과 모험 본능이 강하게 작용한다. 그의 내면에서 균형을 외치는 조심스러운 목소리는 거의 들리지 않는다. 그는 규칙과 안정에 얽매이지 않고 늘 새롭고 짜릿한 도전을 찾아 헤매는 자유로운 영혼의 소유자다.

그의 하루는 늘 엉뚱한 질문으로 시작된다. "오늘은 어떻게 최고의 하루를 만들어볼까?" 치밀한 계획이나 반복적인 일상 대신 순간의 직감과 끌림을 따르는 즉흥적인 타입이다. 지난 주말에도 그랬다. 친구들과 저녁 약속이 잡혀 있었지만, "지금 당장 오토바이를 타고 밤바다를 봐야겠다!"는 충동을 이기지 못했다. 그는 약속을 다음으로 미룬 채, 인적 없는 해안도로를 질주하며 자유를 만끽했다. 친구들의 원성은 기꺼이 감수한 채 말이다.

그의 직업은 프리랜서 사진작가다. 물론 따분하고 정적인 스튜디오 촬영보다는 예측 불가능한 극한의 환경에서 카메라 셔터를 누르는 것을 훨씬 더 선호한다. 한번은 거대한 태풍이 몰아쳐 도시 전체에 안전한 곳으로 대피하라는 재난 경고 문자가 빗발쳤다. 모두가 문을 걸어 잠궜던 그 날, 팀은 오히려 카메라를 둘러메고 집을 나섰다. 그리고는 아무도 없는 해안가 절벽 위에서, 마치 성난 파도와 함께 내리꽂히는 번개의 위험천만한 순간을 사진으로 담아냈다. 팀의 감정 시스템이 추구하는 주요 특성은 다음과 같다.

- **첫 번째로 강한 특성: 자극**

    팀을 움직이는 가장 핵심적인 동력이다. 그의 뇌는 새로운 자극에 중독된 듯 늘 신선하고 짜릿한 경험을 갈망한다.

- **두 번째로 강한 특성: 모험**

    안전하고 편안한 길보다는 아슬아슬하고 도전적인 길이 그의 심장을 더 빠르게 뛰게 한다.

- **가장 약한 특성: 균형**

    안정과 통제에 대한 욕구는 거의 바닥에 있는 수준에 가깝다.

팀은 마치 브레이크가 고장 난 슈퍼카처럼 예측 가능하고 안정적인 삶 대신 역동적이고 자유분방한 삶을 향해 질주한다.

리디아의 감정 시스템: 오차 없는 스위스 시계

이번에는 팀과는 정반대의 극단에 서 있는 듯한 인물, 리디아를 만나보자. 그녀의 머릿속 감정 시스템은 한마디로 균형과 통제라는 두 명의 깐깐한 관리자가 모든 것을 철저하게 지배하는 유형이다. 그녀는 삶의 모든 영역에서 안정성과 규칙을 무엇보다 중시하며, 예측 불가능한 변화나 불확실한 상황은 피하려는 성향을 지니고 있다.

리디아는 매일 아침 6시에 칼같이 눈을 뜬다. 침대 옆에는 그녀의 손때 묻은 다이어리가 정갈하게 놓여 있다. 그 안에는 오늘 해야 할 일들이 시간 단위, 아니 분 단위로 빽빽하게 적혀 있다. 그녀는 정확히 6시 15분부터 45분까지 동네 공원에서 조깅을 하고, 집으로 돌아와 유기농 재료로 만든 건강식으로 아침 식사를 시작한다. 물론 식단 역시 미리 짜인 계획표를 따른다.

리디아는 유능한 회계사다. 단 하나의 작은 실수도 용납하지 않는 그녀의 완벽주의적인 성격 덕분에 동료들은 그녀를 깊이 신뢰한다. 어느 날, 회사에서 예고 없이 갑작스러운 긴급 회의가 잡혔을 때 그녀는 순간적으로 살짝 당황하는 기색을 보였다. 하지만 곧 특유의 평정심을 되찾고, 남은 시간 동안 철저하게 자료를 준비하여 결국 회의를 성공적으로 마쳤다.

그녀의 이런 철두철미함은 주말 데이트에서도 예외 없이 나타난다. 지난 토요일 오후 1시, 요즘 가장 예약하기 어렵다는 인기 레스토랑에서의 점심 식사. 그녀는 무려 한 달 전에 미리 예약을 해둔 덕분에 아주 만족스러운 시간을 보낼 수 있었다. 그녀는 남자친구와의 사소한 갈등 상황에서조차 감정적으로 폭발하는 대신 늘 침착함을 유지하며 "도대체 왜 나한테 화가 난 거야? 이유를 말해봐!" 같은 감정적인 질문보다는 "자, 이 문제를 어떻게 하면 가장 합리적으로 해결할 수 있을까?"와 같은 실용적이고도 논리적인 접근을 선호한다. 그녀의 감정 시스템을 들여다보자.

- **첫 번째로 강한 특성: 균형**

  그녀의 뇌는 그 무엇보다 안전과 안정을 최우선으로 여긴다.

- **두 번째로 강한 특성: 통제**

  규칙과 질서를 중요하게 여기며, 모든 것이 제자리에 있어야 마음이 편하다.

- **가장 약한 특성: 자극**

  새로운 도전보다는 익숙하고 검증된 방식을 고수한다.

그녀는 팀과는 정반대로, 안정적이고 예측 가능한 삶을 선택한다. 미래를 위해 철저히 계획 세우는 것을 좋아하며, 그 계획이 차질 없이 진행될 때 가장 큰 만족을 느낀다. 의무와 책임을 삶의 가장 중요한 가치로 여긴다.

올리버의 감정 시스템: 목표를 향한 불도저

올리버는 지배 시스템이 매우 강하게 작용하는 유형이다. 그의 머

릿속은 한마디로 목표 달성과 성과 창출이라는 2가지 키워드로 가득 차 있으며, 그는 뛰어난 기술과 흔들림 없는 효율성을 통해 자신의 의지대로 세상을 움직여 성공을 쟁취하려 한다. 번쩍이는 세단을 몰고 출근하는 차 안에서도 시간을 허투루 보내지 않는다. 항상 최신 경제 팟캐스트를 들으며 빠르게 변화하는 시장 동향을 파악하고 새로운 사업 아이템을 구상한다. 사무실에 도착하자마자 그는 자신의 팀원들을 긴급 회의실로 소집한다.

"여러분, 다들 잘 아시다시피 이번 분기에 우리 팀의 명운은 바로 이 신규 프로젝트의 성공 여부에 달려 있습니다. 프리다는 경쟁사 데이터 분석 결과를 내일 오전까지 무슨 일이 있어도 내 책상 위에 올려놓도록 하세요. 안톤, 밤새워 작성한 전략안을 잘 봤습니다만 몇 가지 심각한 문제가 있어 보이니, 저와 잠시 더 면담 좀 하시죠."

그의 리더십은 때로는 숨 막힐 정도로 강렬하지만, 팀원들은 그의 압도적인 카리스마와 명확한 지시에 마치 잘 훈련된 군인처럼 일사불란하게 움직인다. 사실 그는 신입사원 시절부터 위험을 감수하는 과감한 결단력을 지닌 사람으로 유명했다. 입사 3주 차에 이사의 결정에 정면으로 반기를 들어 회의실을 발칵 뒤집었던 일화는 아직도 전설적인 이야기로 회자된다. 당시 결국 그의 대담한 판단이 옳았음이 증명됐고, 올리버는 입사 5년 만에 임원 배지를 다는 파격적인 승진을 이뤘다.

올리버의 주말은 보통 아침 일찍부터 뜨거운 땀을 흘리는 체육관에서 시작된다. 격투기는 그의 아주 오래된 취미로, 내면의 승부욕을 불태우는 중요한 활동이다. 지난번에는 아마추어 격투기 대회에 출전하여 3등이라는 놀라운 성적을 거두기도 했다. 피와 땀으로 얼룩진 경기가 끝난 후, 그는 링 위에서 포효하며 이렇게 생각했다.

'역시, 이기는 것만큼 짜릿한 건 없어!'

올리버의 감정 시스템은 이렇다.

- **첫 번째로 강한 특성: 지배**

    올리버는 성과 지향적이다. 경쟁에서 승리하고 설정한 목표를 달성하는 것은 그를 움직이는 가장 강력한 동기다.

- **두 번째로 강한 특성: 통제**

    한번 목표를 설정하면, 그것을 달성하기 위해 높은 수준의 규율과 흔들림 없는 자기 통제력을 발휘한다.

- **세 번째로 강한 특성: 모험**

    계산된 위험이라면 기꺼이 감수하며 도전적 환경에서 쾌감을 느낀다.

- **가장 약한 특성: 조화**

    다른 사람들과의 따뜻한 관계나 섬세한 감정적 교류보다는 실질적인 성과와 목표 달성에 훨씬 더 집중한다.

그는 감정적인 호소보다는 냉철한 논리를, 평화로운 협력보다는 치열한 경쟁을, 안락한 안정보다는 짜릿한 성취를 추구하는 인물이다.

줄리아의 감정 시스템: 열린 마음의 예술가

이번에는 앞서 만난 팀, 리디아, 올리버와는 또 다른 매력을 가진 인물, 줄리아의 마음속을 한번 들여다보자. 그녀의 감정 시스템은 '개방성', '자극', '조화' 세 축이 조화롭게 어우러진 유형이다. 그녀는 늘 새로운 경험에 가슴 설레하고, 다양한 문화와 사람들을 편견 없이 받아들이며, 창의적이고 아름다운 것들 속에서 살아 숨 쉬는 듯한 기분을 느낀다. 타인과의 따뜻하고 진솔한 관계를 무엇보다 소중히 여기는, 그야말로 열린 마음의 소유자다.

줄리아의 하루는 보통 창밖에서 스며드는 아침 햇살과 함께 시작된다. 그녀는 잠에서 깨자마자 창문을 활짝 열고, 계절 따라 변하는 자연의 아름다움 속에서 새로운 하루를 시작할 영감을 얻는다. 문득 떠오른 아이디어나 아름다운 문장은 잊기 전에 침대 옆 메모장에 얼른 적어둔다. 아침 식사로는 어제 새로 사귄 멕시코 친구가 알려준 타코 레시피를 직접 만들어본다. 생각보다 근사한 맛에 감탄하며 그녀는 친구에게 바로 전화를 걸어 "네 덕분에 오늘 아침이 정말 특별해졌어!"라며 진심으로 고마움을 전한다.

그녀는 현재 문화예술기획자로 일하며, 다양한 국적과 배경을 가진 예술가들과 자유롭게 협력하여 새롭고 흥미로운 프로젝트를 만들어간다. 그녀는 일방적인 지시나 수직적인 명령보다는, 모든 구성원의 목소리를 경청하고 서로의 아이디어를 존중하는 수평적인 관계 속에서 진정한 창의성이 꽃핀다고 굳게 믿는다.

퇴근 후에는 가급적 자신만의 자유로운 시간을 충분히 가지려 노력한다. 최신 유행을 따르기보다는 자신의 취향에 맞는 독립 영화관을 찾고, 동네 서점에서 우연히 발견한 시집을 읽으며 조용히 사색에 잠기기도 한다. 지난주에는 갑자기 도자기에 대한 호기심이 생겨 집 근처 도예 공방에서 진행하는 수업에 등록했고, 서툰 솜씨로나마 자신만의 그릇을 빚기 시작했다.

- **첫 번째로 강한 특성: 개방성**

    다양한 문화와 예술, 새로운 사상과 사람에 대한 관심과 수용성이 매우 높다. 미지의 것을 배우고 경험하는 과정을 즐긴다.

- **두 번째로 강한 특성: 자극**

  창의적이고 새로운 도전을 즐기며, 틀에 박힌 삶을 거부한다.

- **가장 약한 특성: 지배**

  통제나 경쟁보다는 자유롭고 평등한 관계를 중시한다.

그녀는 삶의 다양한 경험을 통해 자신을 자유롭게 표현하고, 타인과 깊이 있고 진솔한 관계를 맺으며 살아가는 것을 무엇보다 중요하게 생각한다.

유형 \ 내용	대표 인물	핵심 코드	한 줄 요약	어울리는 직업
모험가형	팀 (사진작가)	자극, 모험	브레이크 없는 슈퍼카	스타트업 창업가, 탐험가
관리자형	리디아 (회계사)	균형, 통제	오차 없는 스위스 시계	회계사, 법률전문가
지배자형	올리버 (대기업 리더)	지배, 통제	목표를 향한 불도저	CEO, 투자전문가
창조자형	줄리아 (기획자)	개방성, 조화	열린 마음의 예술가	예술가, 상담가

라이프코드의 빛과 그림자

지금까지 살펴본 4가지 성격 유형들은 상당히 매력적으로 보인다. 당연하다. 나는 각 감정 시스템과 성격 유형의 긍정적인 면만을 보여주었기 때문이다. 하지만 현실 세계의 인간은 그리 단순하지 않다. 모든 감정 시스템과 그 영향으로 나타나는 성격에는, 마치 동전의 양면처럼 밝은 면과 어두운 그림자 같은 측면이 공존하기 때문이다.

예를 들어, 뉴스를 보다 보면 회사가 심각한 적자에 허덕이고 직원들이 하루아침에 직장을 잃고 길거리로 내몰리는 상황에서도, 일부 경영진은 두둑한 보너스를 뻔뻔하게 챙겨가는 모습을 볼 수 있다. 또 평소에는 환경 보호를 외치며 SNS에 지구 살리기 캠페인 사진을 열심히 공유하는 어떤 사람이 설거지가 번거롭다는 이유로 일회용품을 아무렇지 않게 사용하는 이중적인 모습을 보이기도 한다.

이들이 특별히 악하거나 유별난 사람이라서 그럴까? 꼭 그렇다고 단정할 수는 없다. 우리 내면의 성향이 어떤 상황에서는 긍정적으로, 다른 상황에서는 부정적으로 발현될 뿐이다. 이제부터 이러한 감정 시스템의 두 얼굴, 즉 그 빛과 그림자를 좀 더 자세히 들여다보도록 하자.

균형의 그림자: 변화를 거부하는 낡은 성벽

균형을 중시하는 사람들은 대체로 신뢰감을 주며, 어떤 상황에서도 흔들리지 않는 안정감을 보여준다. 이들은 예측 가능하고 질서 정연한 환경에서 가장 편안함을 느끼며, 맡은 일을 책임감 있게 처리하고 약속은 반드시 지키려 노력한다. 하지만 이 안정 추구 성향이 지나치면 새로운 변화나 도전을 받아들이지 못하는 경직된 태도로 이어져 발전을 가로막는 걸림돌이 되기도 한다. 이들은 논쟁이 벌어지면 새로운 의견을 받아들이기보다 자신이 검증한 기존 방식만을 고집하며 대화를 단절시키는 경우가 많다.

앞서 만난 유능한 회계사 리디아를 다시 한번 떠올려보자. 매일 아침 6시에 일어나 하루를 빈틈없이 계획하고, 회사에서 단 하나의 실수도 용납하지 않는 그녀의 철두철미함은 동료들에게 깊은 신뢰를 준다.

하지만 리디아는 연인과의 주말 데이트조차 계획대로 흘러가야 안정감을 느낀다. 연인이 "오늘 날씨도 좋은데 바다나 보러 갈까?"라고 제안하면 "갑자기 계획을 바꾸면 스트레스 받아. 원래대로 하자"며 거절한다. 친구와의 논쟁에서도 "내가 해봐서 아는데 이게 가장 안전한 방법이야!"라며 자신의 주장을 굽히지 않는다. 늘 익숙하고 검증된 방식만을 선호하다 보니 창의적인 아이디어가 필요한 순간에는 어려움을 겪는다. 그녀의 안정감은 삶을 체계적이고 예측 가능하게 만들지만, 동시에 새로운 가능성과 성장의 기회를 차단하는 양날의 검이 된다.

신중함   경직

조화의 그림자: 착한 사람 콤플렉스와 우유부단함

조화 시스템이 발달한 사람들은 따뜻한 마음과 뛰어난 공감 능력을 지녔다. 언뜻 완벽한 천사처럼 보이지만, 이들에게도 피할 수 없는 약점이 있다. 이들은 갈등 없는 편안한 관계에 안주하려는 경향이 강해서 자신의 꿈이나 목표를 위해 안전지대를 벗어나 도전하는 것을 주저한다. 물론 모두와 평화롭게 지내는 것도 중요하지만, 조화만을 추구하다 보면 개인의 성장이 더뎌지거나 심지어 멈출 수도 있다. 또한 이 성향이 지나치면 부당한 요구에도 '아니오'라고 말하지 못하고, 결정적인 순간에 단호한 태도를 보이지 못한다. 그러다 보면 '줏대 없는 사람'이나 '만만한 사람'이라는 달갑지 않은 평가를 받기도 한다.

예를 들어, 동료가 마감일을 어기고 업무를 떠넘겨도, 조화 시스템이 강한 사람은 싫은 소리를 하지 못한다. "괜찮아요. 제가 알아서 할게요"라며 넘어간다. 하지만 이런 배려가 반복되면 주변 사람들은 그의 선의를 당연하게 여기고 그 사람의 의견을 무시하기 시작한다. 필요한 순간에 자신의 권리를 주장하지 못한 채 소위 '호구'가 되어 이리저리 치이게 되는 셈이다.

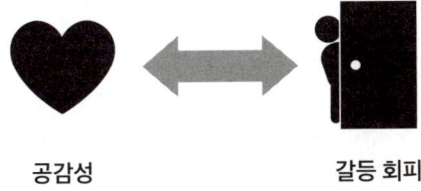

공감성   갈등 회피

개방성의 그림자: 결정 장애를 부르는 팔랑귀

개방성은 세상 모든 것에 마음을 활짝 열고 다양한 의견을 편견 없이 받아들이는 태도다. 언뜻 보면 조화 시스템과 닮은, 매우 이상적인 특성으로 보인다. 하지만 개방성의 너그러움에는 뚜렷한 기준이 부족해 결정적인 순간에 결단력을 발휘하지 못하는 단점이 숨어 있다. 모든 가능성을 열어두고 다양한 의견에 귀 기울이다 보면, 주변의 말 한마디에 쉽게 흔들리는 우유부단함으로 이어지기 쉽다.

문화예술기획자 줄리아가 그랬다. 그녀는 새로운 경험과 수평적인 관계를 소중히 여겼지만, 바로 그 장점이 그녀를 곤란한 상황에 놓이게 했다. 중요한 국제 전시회를 기획하며, 참여한 예술가들의 의견을 모두 반영하려다 전시의 핵심 주제가 모호해지고 방향이 흐릿해진 것이다. 결국 팀원들이 "제발 이제 결정해주세요!"라며 답답함을 토로했지만, 그녀는 끝내 결정을 내리지 못하고 전시 일정을 연기하고 말았다.

이런 우유부단함을 잘 보여주는 유명한 일화가 있다. 어느 마을 시장이 중요한 현안을 두고 열린 토론회에 참석했다. 시장은 먼저 찬성 측의 주장을 진지하게 듣고는 말했다.

"네, 당신 말씀이 옳습니다."

잠시 후, 반대 측이 조목조목 반박하자 시장은 또다시 고개를 끄덕였다.

"듣고 보니 당신 말씀도 옳군요."

보다 못한 한 참석자가 답답한 듯 소리쳤다.

"시장님! 두 의견이 동시에 다 옳을 수는 없지 않습니까!"

그러자 시장은 그 참석자를 보며 대답했다.

"네, 당신 말씀도 옳습니다."

자극의 그림자: 브레이크가 고장난 8톤 트럭

자극 시스템이 가진 가장 큰 장점은 새로운 것을 향한 지치지 않는 호기심과 세상을 탐구하려는 불타는 열정일 것이다. 하지만 이 강력하고도 매력적인 자극 추구 성향은 때로 우리 삶을 위험한 도박에 빠지게 만들기도 한다. 자유로운 영혼의 소유자, 팀처럼 말이다. 그의 머릿속에서 울리는 자극 시스템의 목소리는 워낙 강력해서, 그 목소리가 이끄는 순간의 끌림이나 짜릿한 호기심이 다른 모든 계획과 안정적인 상황을 손쉽게 압도해버린다.

가령 친구와 저녁 약속이 있더라도, 밤바다를 보고 싶은 충동이 밀려오면 약속은 미뤄두고 일단 바다로 향하는 식이다. 그에게 미래를 위한 재정 계획이나 안정적인 노후 준비는 삶의 우선순위에서 밀려난, 따분하고 답답한 이야기일 뿐이다.

그래서 팀 같은 사람에게 진득함이나 꾸준함을 기대하기는 어렵다. 그의 뇌는 늘 새롭고 더 자극적인 것을 찾아 헤매도록 프로그래밍되어 있기 때문에 한 가지 일에 몰두하지 못하고 지루한 반복적인 일상을 견디지 못한다. 목표를 향해 묵묵히 나아가기보다는, 금세 흥미를 잃고 또 다른 자극을 찾아 떠나기 일쑤다. 이런 유형의 사람은 정해진 규칙과 예측 가능한 일상을 중시하는 일반적인 조직 생활에 가장 적응하기 힘들어한다. 자극 시스템이 너무 강하면 집중력 장애를 겪거나 알코올이나 마약, 도박과 같은 위험한 중독의 늪으로 빠지기도 한다.

창의성   충동성

모험의 그림자: 위험을 사랑한 대가

모험은 세상을 한 걸음 앞으로 나아가게 하는 강력한 원동력이다. 하지만 이 성향이 지나친 사람들이 감당해야 할 대가는 생각보다 훨씬 위험하고 치명적일 수 있다. 모든 것을 가볍게 여기고, 어떤 위험 속에서도 자신은 절대 다치거나 실패하지 않을 것이라는 근거 없는 믿음에 빠지기 쉽기 때문이다. 이들은 규칙이나 안전 수칙 같은 원칙은 겁쟁이들이나 지키는 것으로 여기며 더 강렬한 자극을 위해서라면 어떤 위험도 기꺼이 감수한다.

사진작가 팀은 바로 이 자극과 모험이 위험할 정도로 강하게 결합된 유형의 사람이다. 그의 충동적인 성향은 때때로 그를 아찔한 위험 속으로 아무렇지 않게 밀어 넣는다. 한번은 집채만 한 파도가 몰아치는 태풍 속에서, 그는 '인생 최고의 사진'을 찍겠다는 일념으로 다른 사람들은 모두 대피한 해안가 절벽으로 향했다. 거센 비바람과 파도를 온몸으로 맞으며 번개 사진을 찍는 데 몰두하던 순간, 바위에서 발이 미끄러지며 그는 중심을 잃고 휘청했다. 하마터면 절벽 아래로 떨어질 뻔한 아찔한 상황이었다. 다행히 팔에 깊은 찰과상을 입는 정도로 아슬아슬하게 위기를 모면했지만, 이 사건은 그의 무모한 모험심이 얼마나 끔찍한 결과를 가져올 수 있었는지 보여주는 단적인 예다.

지배의 그림자: 공감 능력 제로의 폭군 리더

지배 시스템은 우리 안의 강력한 리더를 만드는 핵심 동력이다. 하지만 이 번쩍이고 긍정적인 동전의 앞면 뒤에는, 종종 차갑고 어두운 그림자가 함께 드리워져 있기도 하다. 이 유형의 사람들에게서 따뜻한 인간미나 타인의 아픔에 공감하는 능력, 혹은 이타적인 배려심을 찾기란 쉽지 않다. 세상을 보는 그들의 관점이 우리와 사뭇 다르기 때문이다. 그들의 관심은 오직 2가지다. '어떻게 나의 권력과 영향력을 극대화할 것인가'와 '어떻게 목표를 가장 효율적으로 달성할 수 있을 것인가'에 온 관심이 쏠려 있다. 그 과정에서 다른 사람이 겪는 어려움이나 상처는 고려 대상이 아니거나 심지어 목표 달성을 위한 당연한 희생의 일환으로 여긴다.

유능한 임원 올리버가 바로 그런 인물이다. 그는 대기업 입사 5년 만에 임원으로 빠르게 승진할 만큼 뛰어난 능력과 카리스마를 지녔다. 하지만 그의 팀원이 되어 함께 일하는 것은 전혀 다른 이야기다. 올리버의 팀에 속하면 실적이 보장되는 대신 매일 반복되는 야근과 숨 막히는 압박감을 견뎌야 한다. 만일 결과가 그의 기대에 조금이라도 미치지 못하면 차갑고 날 선 독설이 쏟아진다. 팀원들은 '성과'라는 명분 아래 엄청난 업무 강도와 질책 속에서 매일 밤 남몰래 눈물을 훔쳐야 할지도 모른다.

리더십 ↔ 폭군

통제의 그림자: 숨 막히는 완벽주의와 융통성 없는 원칙주의

세상에는 질서를 지키는 사람들이 필요하다. 우리 사회의 안전을 책임지는 경찰관, 수많은 비행기의 이동 경로를 통제하는 항공 교통 관제사, 식품의 안전을 검사하는 검사관이 바로 그들이다. 이들은 우리 삶을 예측 가능하고 안전하게 만드는 데 중요한 역할을 한다. 하지만 모든 것을 완벽히 통제하려는 지나친 욕구는 때로 개인의 삶과 인간관계를 숨 막히게 만든다.

유능한 회계사 리디아를 다시 떠올려보자. 그녀는 "리디아가 검토한 서류라면 걱정할 것 없다"는 말을 들을 정도로, 단 하나의 실수도 용납하지 않는다. 이런 완벽주의는 업무에서 분명 큰 강점이지만 일상에서는 문제가 된다. 모든 상황을 완벽하게 통제하길 바라기에, 예상치 못한 변수나 즉흥적인 제안이 주어질 때 그녀는 단순한 불편함을 넘어 큰 불안과 짜증을 느낀다. 결국 '통제할 수 없는 것은 잘못되거나 위험한 것'이라고 여기며, 자신의 계획이나 규칙에서 조금이라도 벗어나는 모든 것을 완강히 거부한다.

'다름'에 대한 낮은 수용성과 모든 것을 통제하려는 욕구는 극단적인 모습으로 나타나기도 한다. 생각이나 일하는 방식을 넘어 자신과 다른 외모, 다른 배경, 혹은 다른 성적 지향을 가진 사람들까지도 '우리가 만든 질서와 규칙을 해치는 위험한 존재'로 여기며 무조건적으로 배척하고 혐오하는 것이다. 최근 전 세계적으로 나타나는 특정 인종이나 이주민에 대한 혐오 범죄와 반대 시위 같은 극단적인 배타성이 바로 그 예다. 이처럼 과도한 통제 욕구는 개인의 삶을 경직시킬 뿐 아니라 사회 전체의 편견과 차별, 배제로 이어질 수 있다.

성공한 사람들 중에는 왜 '사이코패스' 성향이 많을까?

스티브 잡스, 일론 머스크 같은 혁신가부터 제프 베조스, 블라디미르 푸틴 같은 강력한 지도자까지, 우리는 성공 신화를 쓴 인물들의 이야기에 열광한다. 대체 무엇이 그들을 정상의 자리로 이끌었을까? 그들의 감정 시스템 지형도를 보면 놀라운 공통점이 있다. 지배 시스템 영역이 비정상적으로 치솟아 있는 반면, 타인에 대한 공감이나 조화를 추구하는 성향은 현저히 낮다는 것이다.

이 독특한 성격 구조는 무엇을 의미할까? 한마디로 그들은 '성공'이라는 목표를 위해서라면 타인의 감정이나 관계는 기꺼이 무시할 수 있다는 뜻이다. 이는 팀원의 고충은 아랑곳하지 않고 오직 성과만을 좇던 리더 올리버의 모습과 정확히 일치한다.

그런데 이러한 극단적인 성향이 반드시 타고나는 것은 아니다. 물론 유전적인 기질도 상당 부분 영향을 미치겠지만, 때로는 그 사람이 처한 환경이나 역할이 뇌와 성격을 바꾸기도 한다. 평범했던 사람도 회사의 대표가 되어 막중한 책임과 권한을 갖게 되면, 역할 자체가 뇌를 서서히 변화시킨다. 끊임없이 중대한 결정을 내리고, 수많은 사람에게 지시를 하며, 사소한 세부 실무보다는 문제 해결과 조직 전체의 큰 그림을 그리고, 조직의 이익을 극대화하는 과정에서 '지배'와 '통제' 관련 뇌 영역은 자연스레 강화된다. 동시에 최고 권력자는 아랫사람만큼 타인의 눈치를 볼 필요가 없다. 이런 환경적 요인이 그들을 더욱 지배적이고 자기중심적으로 만드는 것이다.

스위스 생갈렌대학교의 토머스 놀 Thomas Noll과 파스칼 세러 Pascal Scherrer는 이 가설을 뒷받침하는 대담한 연구를 진행했다. 그들은 세계 금융계를 좌지우지하는 엘리트와 교도소에 수감된 흉악범(그중에는 사이코패스로 진단된 사람들도 포함되어 있었다) 집단을 비교 분석했고, 결과는 충격적이었다. 놀랍게도 금융계 엘리트들이 흉악범들보다 평균적으로 더 이기적이고 공감 능력이 부족하며, 자신의 이익을 위해 수단과 방법을 가리지 않는 반사회적인 성향을 더 강하게 보인 것이다.

이른바 '성공한 사이코패스'의 핵심에는 극도로 활성화된 지배 시스템과 공감 능력의 부재가 있다. 이러한 성향은 지배 시스템과 관련된 테스토스테론의 영향으로 주로 남성에게서 두드러진다. 물론, 앙겔라 메르켈 전 독일 총리나 크리스틴 라가르드 유럽중앙은행ECB 총재처럼 강력한 카리스마를 지닌 여성 지도자도 있다. 흥미롭게도 이들은 높은 공감 능력과 사회적 책임감을 함께 갖추고 있어, 앞서 언급한 다소 극단적인 남성 중심의 '승자'와는 다른, 좀 더 균형 잡힌 리더십을 보여준다.

사회심리학자 제임스 댑스James Dabbs의 연구는 이를 더욱 명확히 보여준다. 그는 다양한 직업군의 침을 채취해 테스토스테론 수치를 측정하고 사회적 성공도와 비교했다. 예상대로(?) 공무원이나 교사, 혹은 사회 복지 관련 직종에 종사하는 사람들의 평균 테스토스테론 수치는, 소위 성공 가도를 달리고 있는 고위 경영자들이나 기업가들에 비해 현저히 낮았다. 그런데 더욱 놀라운 사실은, 이 성공한 고위 경영자들의 테스토스테론 수치가 사이코패스로 판명된 사람들에게서 관찰되는 수치에 육박할 만큼 높았다는 것이다. 댑스의 연구에서 이들보다 높은 수치를 기록한 집단은 바로 프로 격투기 선수와 사이코패스로 진단받은 범죄자뿐이었다.

낙관주의자와 비관주의자의 뇌 구조

그렇다면 균형 시스템이나 조화 시스템이 유난히 강하게 발달한 사람들은, 방금 살펴본 이 공격적이고 야심만만한 '승자형' 인물들과 구체적으로 어떤 차이가 있을까? 그 답은 의외로 단순하다. 바로 세상을 바라보는 기본적인 관점, 즉 '렌즈'의 색깔이 다르다는 점이다. 요약하자면, 전자는 다소 어둡고 회색빛이 도는 비관적인 렌즈로 세상을 본다면, 후자는 밝고 화사한 낙관적인 렌즈로 세상을 본다.

만약 당신의 뇌가 안정과 조화를 무엇보다 중요하게 여긴다면, 세상의 잠재적인 위험과 숨겨진 위협에 훨씬 민감하게 반응할 가능성이 크다. 반대로, 지배나 자극 시스템이 강하게 작동한다면, 사소한 위험보다는 그것을 극복했을 때 얻을 수 있는 짜릿한 가능성이나 새로운 기회에 더 주목하는 경향이 있다. 이러한 관점의 차이는 세상을 바라보는 시각뿐만 아니라 스스로의 능력과 가능성을 평가하는 방식에도 깊은 영향을 미친다.

큰 도전 과제가 주어졌을 때를 생각해보자. 비관적인 성향의 사람은 "이건 너무 어려워 보이는데. 내가 과연 해낼 수 있을까? 실패할 가능성이 높아"라며 자신의 능력을 의심하고 부정적인 결과를 먼저 떠올리기 쉽다. 반면 낙관적인 성향의 사람은 "충분히 해볼 만해! 잘될 거야. 혹시 결과가 좋지 않더라도 괜찮아"라며 긍정적인 결과를 기대하고 실패의 부담을 덜 느낀다. 따라서 비관주의자는 도전을 주저하거나 회피하는 반면, 낙관주의자는 도전을 반기거나 심지어 즐기는 모습을 보인다.

    여기서 이 두 유형 사이의 또 다른 흥미로운 차이가 드러난다. 도전에 실패했을 경우, 낙관주의자는 "이번엔 운이 좀 없었네" 혹은 "상황이 따라주지 않았어. 내 잘못은 아니야"라며 실패의 원인을 외부 환경이나 통제 불가능한 요인으로 돌리는 경향이 강하다. 하지만 비관주의자는 "역시 내 능력이 부족했어. 모든 게 내 탓이야"라며 실패의 원인을 자신의 내부적인 문제로 돌리고 깊이 자책하는 경우가 많다.

돈 잘 버는 '사이코패스 낙관주의자'가 결국 인생의 승자일까?

앞서 우리는 소위 승자형 인물들이 높은 지배욕과 낮은 공감 능력, 때로는 사이코패스적 성향을 보이며 성공 가도를 달리고, 낙관주의자로서 도전을 두려움 없이 즐긴다는 다소 불편한 사실을 마주했다.

    그렇다면 지배나 자극 성향이 강한 사람이 우월하고, 균형이나 조화를 중시하는 성향은 이 험난한 세상을 살아가는 데 있어 불리하기만 한 것일까? 소위 '돈 잘 버는' 공격적이고 낙천적인 성격만이 우리가 추구해야 할 유일한 정답일까? 이 질문의 답은 인류가 걸어온 진화의 역사에서 찾을 수 있다.

인류의 조상들은 예측 불가능한 자연과 끊임없이 맞서 싸워야 했다. 가뭄과 홍수, 빙하기 같은 거대한 재난 앞에서 개인은 한없이 나약한 존재였다. 이런 환경에서 살아남기 위한 유일한 전략은 서로 뭉치고 협력하는 것이었다.

한번 상상해보라. 만약 우리 조상들이 모두 올리버나 팀처럼 자신의 성공과 자극만을 좇았다면 어땠을까? 아마 그들은 이익을 둘러싼 끝없는 다툼으로 공동체를 파멸로 이끌었을 것이다. 그들의 도전 정신은 문명의 발전을 이끌기도 했겠지만, 견제 없는 경쟁과 독선으로 집단을 위험에 빠뜨릴 수 있었다. 반대로, 인류가 모두 리디아처럼 안정과 규칙만을 추구하며 변화를 극도로 두려워했다면 어땠을까? 아마도 변화하는 환경에 적응하지 못하고 늘 살던 동굴에서 한 발짝도 나가지 못하다가, 결국 새로운 식량 자원을 확보하지 못해 굶주렸을 것이다.

인류가 수많은 위기를 극복하고 생존할 수 있었던 힘은 바로 다양성에 있다. 신중하게 위험을 경고하는 사람과 용감하게 기회를 찾아 나서는 사람이 한 팀으로 공존했기에 인류는 지구상에서 번성할 수 있었다. 서로 다르고 때로는 정반대처럼 보이는 기질이 어우러진 덕분에 인류는 위기를 극복하고 새로운 가능성을 열어왔다. 우리가 이토록 제각각인 이유는 우열의 문제가 아니라 서로의

'다름'이 생존에 필수적이었기 때문이다.

물론 "현대 사회는 원시시대와 다르지 않은가?"라고 반문할 수 있다. 맞는 말이다. 과거의 생존 논리가 오늘날의 복잡한 자본주의 사회에 그대로 적용되기는 어렵다. 지배적 성향이 강하고 인간미가 부족하더라도 부와 성공을 거머쥔 사람들이 더 나은 삶을 사는 것처럼 보이는 것도 사실이다.

그러나 여기에는 몇 가지 함정이 있다. 첫째, 성공의 척도를 오직 돈과 권력에 한정하는 것은 세상을 단편적으로 보는 시각이다. 낮은 공감 능력을 바탕으로 얻은 성공은 진정한 인간관계의 부재나 내면의 공허함으로 이어지기 쉽다. 과연 이를 '좋은 삶'이라 부를 수 있을까? 수많은 심리학 연구는 일정 수준 이상의 부는 행복감과 큰 연관성이 없으며, 오히려 관계의 질, 삶의 의미, 공동체에 대한 기여가 행복에 훨씬 결정적인 영향을 미친다고 밝힌다.

물론, 이런 설명에도 불구하고 여전히 자신의 성격이 불만족스러울 수 있다. 스스로 너무 조심스럽다거나 소심하다거나 충동적이라고 느낄 수 있다. 하지만 아직 실망하기는 이르다. 성격은 고정불변이 아니라 의식적인 노력과 훈련으로 얼마든지 긍정적인 방향으로 발전할 수 있기 때문이다. 8장(성격 개조: 바꿀 수 있는 것과 없는 것)에서 그 구체적인 해답을 함께 찾아볼 것이다.

당신의 라이프코드는?

이제 당신만의 고유한 라이프코드를 정확히 확인해볼 시간이다. 다음의 QR 코드를 통해 테스트를 진행해보자.

이 테스트는 당신의 성격을 바꾸기 위한 것이 아니다. 대신 당신이 이미 가진 고유한 강점을 극대화하고, 약점을 현명하게 관리할 수 있도록 도와주는 나침반 역할을 한다. 테스트 결과를 통해 당신은 마침내 "아, 그래서 내가 이런 상황에서 이렇게 반응하는구나"라는 깨달음을 얻게 될 것이다.

LIFECODE NOTE 6

1. 우리 안의 4가지 감정 시스템(지배, 자극, 조화, 균형)은 사람마다 다르게 발달하므로 세상에 똑같은 성격은 없다.
2. 성격은 유전, 경험, 문화의 합작품이며, 변화의 가능성도 충분히 있다.
3. 모든 성격은 강점과 약점을 동시에 지닌다. 자신을 안다는 것은, 빛을 활용하고 그림자를 다루는 방법을 아는 것이다.

7장

당신의 연봉과 병원비는 이미 정해져 있다

"내 눈으로 직접 보지 않고서는 아무것도 안 믿어."

자신의 경험을 절대적 진실이라 믿는 사람들이 많다. 하지만 우리가 '직접 봤다'고 확신하는 그 경험은 과연 객관적일까? 이것이야말로 인간이 빠지기 쉬운 가장 매혹적인 착각이다.

생각해보자. 똑같은 거리를 걸어도, 며칠 굶은 사람의 눈에는 유독 식당 간판만 눈에 띄며, 방금 막 사랑에 빠진 사람의 눈에는 세상이 연인의 얼굴로 뒤덮인다.

우리의 시선은 맑은 유리창이 아니다. 그것은 렌즈이고, 필터다. 친구와 같은 영화를 봤다고 가정하자. 당신이 감동의 눈물을 펑펑 쏟을 때 옆자리 친구는 지루함에 꾸벅꾸벅 졸았다면? 영화가 2가지 버전으로 상영된 탓이 아니라 당신과 친구의 마음속 렌즈가 애초에 다르게 세팅되어 있었기 때문이다.

어느 날, 창밖의 작은 새 한 마리를 보며 깨달았다. 그 새는 내가 보지 못하는 자외선을 보고, 내가 듣지 못하는 소리를 듣는다.

박쥐는 어둠 속에서 초음파로 길을 찾고, 철새는 지구의 자기장을 나침반 삼아 대륙을 건넌다. 그들이 보는 세상은 설계도부터 전혀 다른 세계다.

"이것만이 진실이다!"라고 목소리를 높이는 순간, 내 렌즈가 만든 한계 속에 스스로를 가두게 된다. 결국 우리의 시선은 결코 순수하게 객관적일 수 없다. 그것은 여러 요소의 복합적인 영향 아래 끊임없이 재구성되고 채색된다.

- 태어난 종種에 따른 생물학적 특성
- 지역 문화와 개인적 경험
- 현재의 신체 상태(배고픔, 목마름, 추위, 더위, 통증)
- 순간의 기분
- 개인의 고유한 라이프코드(무엇보다 중요한 요소다)

라이프코드는 세상을 바라보는 당신만의 렌즈를 만든다

몇 년 전 세상을 불안과 혼란으로 몰아넣었던 코로나19 상황을 한 번 떠올려보자. 정부 최고 책임자가 TV에 나와 사태의 심각성을 경고하며 사회적 거리두기를 발표했을 때, 사람들은 각자의 렌즈를 통해 그 메시지를 받아들였다.

- **모험이 강한 사람**

  "에이, 괜히 너무 심각하게 생각하는 거 아냐? 좀 심한 감기 아닐까?"

- **지배 시스템이 강한 사람**

  "이런, 내 사업이 문제로군. 경제가 바닥을 치겠어. 당장 비상 대책을 세워야겠어."

- **통제가 강한 사람**

  "규칙을 철저히 지켜야 해. 손 씻기, 거리두기는 꼭 필요하지."

- **균형 시스템이 강한 사람**

  "너무 무서워. 일단 식량과 생필품부터 넉넉히 사둬야 안심이 될 것 같아."

- **조화 시스템이 강한 사람**

  "가족들 건강은 괜찮을까? 부모님께 마스크부터 준비해 드려야겠다."

- **개방성이 강한 사람**

  "꼭 집에만 틀어박혀 있어야 하나? 더 창의적이고 효과적인 방법이 있을지도 모르잖아."

- **자극 시스템이 강한 사람**

  "경찰이 다 감시할 순 없잖아. 사람들을 몰래 만날 방법이 있을 거야."

이렇듯 동일한 상황에서도 감정적 성향에 따라 전혀 다른 해석과 반응이 나타난다. 이는 일상에서 갈등을 일으키고, 때로는 법정 다툼으로 번지기도 한다. 실제로 코로나19로 거리두기를 시행했을 때, 규칙을 엄격히 지키는 사람들과 그렇지 않은 사람들 사이의 갈등은 상당히 깊었다. 마스크 착용이나 거리두기 권고 사항을 두고 길거리에서 고성이 오간 그 살벌했던 풍경도, 어쩌면 각자의 렌즈가 보여주는 정의와 상식이 달랐기 때문일 것이다.

자기중심성이라는 인간의 한계

문제는 대부분의 사람이 자신의 렌즈로만 세상을 본다는 점이다. 인간의 가장 근본적인 성향 중 하나는 '자기중심성'이다. 우리는 자연스럽게 자신의 관점으로 세상을 바라보며, 다른 이들도 자신과 비슷하게 생각할 것이라 착각한다. 프랑스 혁명 당시, 가난한 사람들이 돈이 없어 빵을 먹지 못한다고 하자, 마리 앙투아네트가 "빵이 없으면 케이크를 먹으면 되지 않느냐"라고 말한 일화는 타인의 현실을 자신의 기준으로만 이해하려는 인간의 자기중심성을 잘 보여준다.

이러한 자기중심적인 해석은 일상 속 수많은 오해와 갈등의 주된 원인이 된다. 어떤 사람은 변화를 '피해야 할 위험'으로 보며 현재의 안정을 지키려 애쓴다. 하지만 다른 이는 같은 변화를 '잡아야 할 기회'로 인식해 주저 없이 뛰어든다. 누가 더 현명하고, 누가 더 어리석은가? 글쎄, 그들은 단지 다른 렌즈로 세상을 경험할 뿐이다.

우리는 종종 이 차이를 이해하지 못한 채 "왜 저 사람은 나처럼 생각하지 않지?"라며 답답해하거나 "저 사람은 틀렸어!"라고 단정하며 날을 세운다. 오늘날 우리가 목격하는 수많은 갈등 — 세대 갈등, 남녀 갈등, 인종 문제, 환경 문제, 정치적 대립 — 의 밑바닥을 한 꺼풀만 살짝 들춰보면 어김없이 이 자기중심성이 똬리를 틀고 앉아 있는 것을 발견하게 된다. 내 말은 맞고, 네 말은 틀리다고 믿기 때문이다.

타인을 진정으로 이해하려면 개인적인 경험이나 추측을 넘어선 과학적 데이터가 필요하다. 몇몇 사례만으로는 충분하지 않다. 수천수만 명의 삶을 체계적으로 추적하고 분석해야 의미 있는 패턴을 발견할 수 있다.

다행히 이러한 조건을 충족하는 대규모 연구가 존재한다. 바로 독일 5대 미디어 그룹이 주관하는 베스트 포 플래닝Best for Planning(이하 b4p) 연구다. 이 연구는 10년 넘게 3만 명의 삶을 추적해 방대한 데이터베이스를 구축해왔다. 독일 전체 인구를 대표하도록 표집된 참가자들의 소비 습관, 가치관, 라이프스타일 등 삶의 전반을 아우른다.

특히 주목할 점은 모든 참가자가 '라이프코드' 방식의 성격 검사도 함께 받는다는 것이다. 덕분에 우리는 마침내 성격 유형이 돈, 건강, 사랑과 관련된 선택들을 어떻게 은밀히 조종하는지, 그 놀라운 연결고리를 과학적으로 증명할 길이 열렸다(혹시 아직 자신의 코드를 모른다면, 지금 당장 5분만 투자해 자신의 라이프코드를 확인하고 오길 바란다. 후회하지 않을 것이다).

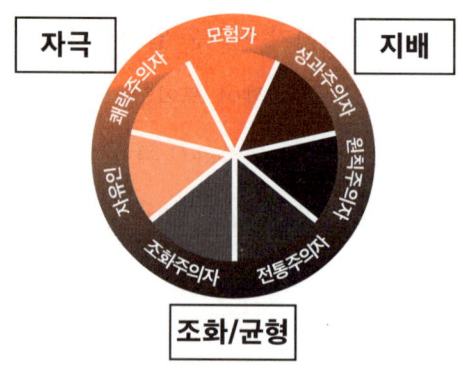

7가지 라이프코드 유형: 당신은 어디에 속하는가?

라이프코드 유형은 대규모 연구 'b4p'에서 참가자들의 복잡한 성격을 명료하게 분류하기 위해 고안한 7가지 모델이다. 물론 한 사람의 내면에는 다양한 감정 시스템이 오케스트라처럼 복합적으로 작용한다. 하지만 그 모든 미묘한 특성을 동시에 고려하려다 보면 분석이 너무 복잡해지고 핵심을 놓치기 쉽다. 그래서 이 연구에서는 개인에게 가장 두드러지는 한두 가지 핵심 특성을 대표 표본으로 삼아, 이를 기준으로 사람들을 7가지 유형으로 나눈다. 이것이 바로 당신의 성격을 압축적으로 보여주는 라이프코드 유형이다.

하지만 반드시 기억해야 할 점이 있다. 이 7가지 유형은 당신이 주로 어떤 성향을 보이는지 알려줄 뿐, 복잡하고 다층적인 당신이라는 사람 자체를 규정하거나 완벽히 설명할 수는 없다. 인간은 본래 한두 마디로 정의하기 어려운 입체적인 존재다. 실제 삶에서는 여러 감정 시스템과 성향이 끊임없이 상호작용하며 우리의 생각과 행동에 영향을 미친다. 따라서 이 유형 분류는 복잡한 내면세계를 탐색하는 데 유용한 '지도' 중 하나로 생각하는 것이 현명하다.

유형 \ 내용	핵심 시스템	한 줄 요약
전통주의자	균형	질서와 규칙 속에서 안정을 찾는 사람
조화주의자	조화	따뜻한 관계와 공감을 가장 중시하는 사람
자유인	개방성 (자극+조화)	새로운 경험과 관계에 항상 열려 있는 사람
쾌락주의자	자극	현재의 즐거움과 즉각적 만족을 좇는 사람
모험가	모험 (자극+지배)	위험과 스릴을 즐기는 도전자
성과주의자	지배	경쟁에서 이기고 성공을 쟁취하려는 사람
원칙주의자	통제 (지배+균형)	계획과 규율로 완벽을 추구하는 사람

이제 연구 결과를 자세히 살펴보자. 감정을 기반으로 한 라이프코드가 우리도 모르는 사이 어떻게 선택과 행동을 이끌고 있는지 곧 발견하게 될 것이다.

- **연봉이 가장 높은 사람은 누구일까?**

    어느 정도 예상했겠지만, 역시나 성과주의자 유형이 고소득층에서 아주 두드러진 강세를 보인다. 월 가계 수입이 5,000유로(약 800만 원) 이상인 그룹에서 성과주의자는 전체 인구 비율의 2배나 된다. 반면, 따뜻한 인간관계를 중시하는 조화주의자는 이 고소득 그룹에서 찾아보기 매우 힘들다.

- **건강 염려증은 누가 가장 심할까?**

    건강 관련 정보에 유독 많은 관심을 보이고 온갖 건강 프로그램을 챙겨보는 그룹은 어떤 유형일까? 놀랍게도 전통주의자와 원칙주의자 유형이 다른 모든 유형을 압도하는 것으로 나타났다. 이와는 정반대로, 현재의 즐거움이나 짜릿한 도전을 삶의 최우선 순위에 두는 모험가와 쾌락주의자들은 건강 정보 따위에는 거의 관심을 두지 않는다.

- **그래서, 누가 가장 병원비를 많이 쓸까?**

    여기서 흥미로운 반전이 나타난다. 규칙적인 운동을 통해 건강을 유지하는 비율은 오히려 활동적인 성과주의자, 모험가, 쾌락주의자, 그리고 새로운 것에 대한 호기심이 많은 자유인 유형에서 훨씬 높다. 반면 심장 질환 발병률이나 과체중(높은 체질량지수BMI) 비율은 아이러니하게도 건강에 대한 염려가 많았던 전통주의자, 원칙주의자, 조화주의자 유형에게서 더 높게 나타났다. 걱정은 많지만, 정작 실제로 몸을 움직이는 운동은 덜 하기 때문이다.

- **당신의 플레이리스트가 성격을 폭로한다?**

    시끄럽고 강렬한 하드록이나 헤비메탈 음악의 열성 팬 중에는 모험가와 쾌락주의자 유형이 전체 평균보다 무려 3배나 많다. 그들은 아마도 심장을 때리는 드럼 비트와 귀를 찢는 듯한 기타 리프에서 솟구치는 아드레날린을 즐기는 것일 테다. 정반대로, 조용하고 차분한 클래식 음악 팬 중에는 전통주의자와 원칙주의자가 평균보다 3배, 그리고 조화주의자의 경우, 2배 더 많은 것으로 조사되었다.

- **여행은 어디로 떠날까? 휴가 스타일만 봐도 성격이 보인다?**

    오지를 탐험하거나, 보기만 해도 아찔한 익스트림 스포츠를 즐기는 모험 가득한 여행은 단연코 모험가와 쾌락주의자들의 독차지다. 반면 새로운 문화와 낯선 사람들 그리고 예측 불가능한 경험을 사랑하는 자유인은 아직 가보지 못한 미지의 도시로 떠나는 여행을 즐긴다. 그와는 대조적으로, 전통주의자와 조화주의자는 잘 알려지고 안전한 휴양지에서 가족이나 친구들과 함께 느긋하고 예측 가능한 시간을 보내는 것을 선호한다. 그리고 원칙주의자는 철저한 사전 계획 아래 박물관이나 유적지를 꼼꼼하게 탐방하는, 뭔가 배우고 얻는 것이 있는 교육적인 여행을 다른 유형의 그룹보다 더 선호한다.

- **누가 스마트폰을 손에서 놓지 못할까?**

하루 4시간 이상 스마트폰을 사용하는 헤비 유저 그룹에서는 쾌락주의자 비율이 가장 높았고, 그 뒤는 모험가, 성과주의자, 자유인 순으로 드러났다. 반면 전통주의자와 원칙주의자는 이 그룹에서 거의 찾아볼 수 없었고, 조화주의자 역시 평균보다 사용 시간이 적었다.

- **주식 vs 예금, 당신의 성격은 어디에 투자할까?**

    모험가나 성과주의자 유형은 단기 변동성이 크더라도 높은 수익을 기대할 수 있는 공격적인 투자(주식, 고위험 펀드, 가상화폐 등)에 과감히 뛰어드는 경향이 있다. 반면 원금 손실을 극도로 꺼리는 전통주의자와 원칙주의자는 안전한 예금이나 적금을 압도적으로 선호한다.

이처럼 라이프코드 유형은 우리 삶의 많은 부분에 깊숙이 영향을 미친다. 하지만 다시 한번 강조하건대, 이것은 절대적인 법칙이 아니라 통계적으로 '그럴 가능성이 높다'는 의미일 뿐이다. 나의 친구 중 한 명은 누가 봐도 자극을 추구하는 성격이지만, 의외로 댄스 음악보다 잔잔한 클래식을 즐겨 듣는다. 사람은 저마다 고유하다. 이 책에서 제시하는 라이프코드 유형별 특징은 사람을 깊이 이해하기 위한 유용한 참고 자료일 뿐, 누군가를 성급히 판단하거나 고정된 틀에 가두는 위험한 잣대가 되어서는 안 된다.

비슷한 사람 vs 다른 사람, 누구와 사랑해야 할까?

앞서 우리는 진화가 단 하나의 완벽한 성격이 아닌, 다채로운 성격을 남겨둔 이유를 살펴보았다. 그렇다면 연애나 결혼 같은 친밀한 관계에서는 어떨까? "나와 잘 맞는 사람은 어떤 성격일까?"라는 질문에는 오래전부터 상반된 2가지 통념이 존재했다. 하나는 "결국 끼리끼리 만난다"는 것이고, 다른 하나는 "나와 정반대인 사람에게 끌린다"는 것이다. 과연 어느 쪽이 현실에 더 가까울까?

연구 결과에 따르면, 사람은 본능적으로 자신과 비슷한 말투, 배경, 가치관, 성격을 가진 사람에게 편안함과 정서적 안정감을 느낀다. 이들과 쉽게 어울리며 '나와 같은 편'이라는 유대감을 형성한다. 이는 생존을 위해 협력해야 했던 인류의 오랜 본능일 수 있다. 비슷한 사람끼리 모여야 불필요한 오해나 갈등이 줄고, 서로의 행동을 예측하기 쉬워 생존에 유리했을 테니까 말이다. 소개팅 앱이 취미나 가치관을 분석해 비슷한 유형의 사람을 연결해주는 것도 바로 이 원리다. 실제로 수많은 심리학 연구는 유사성이 높은 관계가 그렇지 않은 관계보다 더 안정적이고 오래 지속되는 경향이 있음을 일관되게 보여준다.

하지만 유유상종에는 단점도 있다. 새로운 생각이나 관점을 접할 기회를 놓치기 쉽다는 것이다. 특히 나만을 위한 맞춤 콘텐츠만 보게 되는 '알고리즘 시대'는 이 생각의 편향이 더욱 가속화된다. 유튜브나 SNS는 내가 좋아할 만한 콘텐츠만 추천하며 '메아리의 요새 Echo Chamber'를 만든다. 마치 메아리처럼 이 공간에서는 나와 비슷한 목소리, 내가 듣고 싶어 하는 주장만 끝없이 울려 퍼진다. 여기에 갇히면 세상 사람들이 모두 나와 같은 생각을 한다고 착각하기 쉽고, 결국 스스로를 좁은 세계에 가두게 된다.

그렇다면 나와 다른 사람을 만나는 것은 어떤 의미가 있을까? 비슷한 사람들로만 이루어진 집단이 주는 안락함은 안정기에는 유용할지 몰라도, 예측 불가능한 위기 상황에서는 오히려 생존을 위협하는 취약점이 될 수 있다. 격변의 시대에 필요한 것은 획일화된 관점이 아니라 서로 다른 경험이 충돌하고 융합하며 만들어내는 힘이다. 복잡한 문제를 해결할 때도 다름의 힘은 극적으로 나타난다. 각기 다른 배경과 전문성을 가진 이들이 모일 때, 개인의 힘으로는 상상하기 어려운 혁신적인 해결책, 즉 집단지성이 발현된다. 서로 다른 모양의 퍼즐 조각이 모여 하나의 큰 그림을 완성하듯, 다양한 의견이 결합될 때 우리는 개인의 한계를 넘어 세상을 더 입체적으로 이해할 수 있다.

가장 가까운 관계인 연인이나 부부 사이에서도 다름은 양면성을 지닌다. 때로는 갈등의 원인이 되지만, 서로에게 새로운 세계를 열어주는 성장의 기회가 되기도 한다. 물론 안정을 추구하는 사람과 자극을 좇는 사람이 만난다면 시작부터 삐걱거릴 수 있다. 하지만 수많은 갈등 속에서 서로의 다름을 존중하는 법을 배운다면, 두 사람은 서로를 통해 각자의 세계를 확장하는 가장 특별한 선물을 주고받게 될 것이다.

결국 어떤 관계가 나에게 더 잘 맞는지는 전적으로 당신의 라이프코드와 인생의 우선순위에 달려 있다. 안정과 예측 가능성을 중시하는 전통주의자, 원칙주의자, 조화주의자는 비슷한 사람을 선호하는 경향이 뚜렷하다. 반면 새로운 경험을 추구하는 자유인, 쾌락주의자, 모험가는 다른 성격의 사람에게서 더 강한 매력을 느끼곤 한다. 핵심은 당신과 상대방의 라이프코드를 이해하고, 그 다름을 존중하며, 합의점을 찾아가는 것이다. 그것이 바로 건강한 관계의 시작이다.

LIFECODE NOTE 7

1. 사람은 각자 고유의 '라이프코드 렌즈'를 통해 세상을 해석한다.
2. 우리의 성격 유형은 소득, 건강, 취미, 관계 등 삶의 많은 선택과 결과에 영향을 미친다.
3. 나와 비슷한 사람과의 관계든, 다른 유형의 사람과의 관계든 어느 한쪽이 더 낫다고 말할 수는 없다. 각각 장단점을 지닐 뿐이다.

8장

성격 개조: 바꿀 수 있는 것과 없는 것

누구나 한 번쯤 다른 사람이 되기를 꿈꾼다. 서점에 빼곡히 꽂힌 자기계발서와 온갖 코칭 프로그램은 '더 성공하고, 더 매력적이고, 더 현명한 사람'으로 거듭나 성공적인 삶을 살 수 있다고 끊임없이 속삭인다. 치열한 자본주의 사회에서 우리는 알게 모르게 더 나은 성격으로 자신을 개조해야 한다는 보이지 않는 압박에 시달린다. 그런 성격만 갖춘다면 포르쉐와 고급 주택이 저절로 따라올 것처럼 말이다.

하지만 성격을 바꾸는 일이 과연 가능할까? 우리의 성격이 찰흙처럼 마음대로 주무를 수 있는, 손쉽게 형태를 바꿀 수 있는 것일까? 안타깝게도 답은 '아니요'다. 다시 생각해보자. 성격의 절반은 부모에게 물려받은 유전자로, 나머지 절반은 세상에서 겪은 수많은 경험으로 형성된다. 이미 성장이 끝난 어른에게 허락된 변화의 가능성은 기껏해야 20~30%에 불과하다.

성격을 바꾸는 방법을 논하기 전에, 먼저 근본적인 질문을 던져야 한다. 우리는 왜 그토록 자신의 성격을 바꾸고 싶어 할까? 이 질문이 중요한 이유는 앞서 말했듯 완벽한 성격이란 존재하지 않기 때문이다. 모든 성격에는 동전의 양면처럼 빛과 그림자가 공존한다.

'조화주의자' 모니카를 떠올려보자. 그녀는 갈등을 피하고 평화로운 관계를 지키는 데 온 힘을 쏟는다. 늘 주변 사람을 먼저 챙기는 따뜻한 사람이지만, 그런 그녀도 직장 동료인 '성과주의자' 사라를 남몰래 부러워한다.

'사라처럼 당당하게 내 의견을 말하고, 목표를 향해 거침없이 나아갈 수 있다면 얼마나 좋을까?'

하지만 모니카의 삶을 깊이 들여다보면 이야기는 달라진다. 화려한 성공과는 거리가 멀지 몰라도, 그녀 곁에는 깊은 유대감을 나누는 가족과 힘들 때 기꺼이 어깨를 내어주는 진정한 친구들이 있다. 다양한 취미를 즐길 시간과 마음의 여유 또한 충분하다. 하지만 이 모든 것이 너무나 익숙한 나머지, 정작 자신은 그 소중함을 모를 때가 많다.

반면 사라의 삶은 어떨까? 업계 최고로 꼽히는 컨설팅 회사에서 높은 연봉을 받고, 멋진 오픈카를 몰며 명품으로 자신을 치장한다. 겉보기엔 그야말로 성공한 현대 여성의 표본이다. 하지만 화려한 성공의 이면에는 짙은 외로움이 있다. 잦은 해외 출장으로 낯선 도시의 텅 빈 호텔방에서 불편한 잠을 청하기 일쑤고, 유능한 동료는 많아도 마음을 터놓을 진정한 친구는 없다. 살인적인 업무량에 지쳐 주말에는 잠으로 시간을 보내기 일쑤니, 사랑하는 사람과 함께할 여유조차 없다.

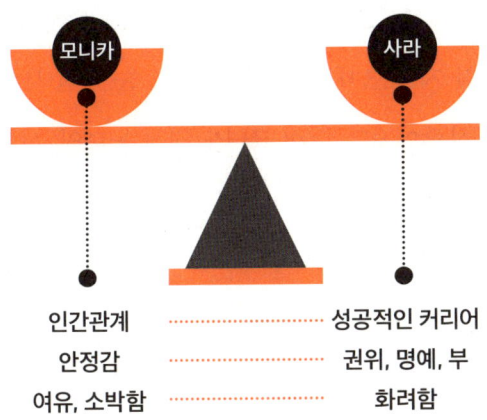

앞서 4장에서 살펴본 묘한 인간 심리가 여기서 다시 떠오른다. 기억하는가? 우리 뇌의 보상 시스템은 이미 가진 것의 기쁨을 금세 잊고, 아직 손에 쥐지 못한 새로운 것에 끊임없이 갈증을 느낀다.

그런데 이 원리는 돈이나 물건, 경험에만 한정되지 않는다. 놀랍게도 '성격'이라는 영역에도 이 불만족과 갈망의 굴레가 똑같이 작동한다. 우리는 자신의 성격이 가진 강점과 편안함은 당연시하면서, 다른 사람의 성격이 지닌 매력과 장점은 유독 특별하고 남다르게 보며 부러워한다.

생긴대로 살아야 하는 과학적 이유

"생긴 대로 살아라"는 자칫 체념적이고 소극적인 조언처럼 들릴 수 있다. 하지만 우리의 성격은 커피 취향이나 음악 장르 같은 단순한 기호의 문제가 아니다. 무엇을 좋아하고 싫어하는지, 어떤 일에 가슴이 뛰고 어떤 일에 무감각한지를 가르는 우리 존재의 본질에 가깝다. 이 책에서 거듭 강조한 라이프코드는 바로 이 성격에 뿌리내린 각자의 고유한 동기부여 시스템이다. 그렇기에 우리는 타고난 성격과 조화를 이루는 환경에서 살아갈 때, 비로소 깊은 만족감과 행복을 느끼도록 설계되었다. 예를 들어, 우리가 앞서 살펴본 4가지 주요 성격 유형의 사람들이 새로운 직장을 찾는다고 가정해보자. 그들이 직업을 선택할 때 중요하게 여기는 기준은 저마다 다를 것이다.

- **전통주의자**는 안정성을 최우선으로 여긴다. 복잡하지 않고 예측 가능한 일을 선호하기에 정부 기관의 공무원 같은 직업이 이상적이다.
- **성과주의자**는 성공과 승진의 기회를 중요하게 여긴다. 높은 책임감과 도전이 따르는 일을 좋아하기에 대기업의 경영관리직이 제격이다.
- **쾌락주의자**는 일의 다양성과 자율성을 추구한다. 새로운 도전과 변화가 많은 홍보 대행사나 스타트업이 잘 어울린다.

- **조화주의자**는 좋은 직장 분위기와 동료들과의 유대감을 중시한다. 동료는 그에게 두 번째 가족과도 같다. 사람이나 동물, 아이들과 함께하는 직업이 잘 맞는다.

이처럼 자신의 타고난 성격, 즉 라이프코드에 맞는 환경을 만날 때, 우리는 잠재력을 마음껏 발휘하며 가장 큰 만족과 성취를 경험할 수 있다. 한번 상상해보라. 새로운 자극과 짜릿함을 좇는 쾌락주의자가 매일 똑같은 숫자와 씨름하는 회계 부서에서 일한다면 어떻게 될까? 그는 아마도 그 지루하기 짝이 없는 일에 도무지 흥미를 느끼지 못하고, 잦은 실수를 반복하다 스스로 낙오자라 여기며 무력감에 빠질 것이다. 반대로 성격과 환경이 열쇠와 자물쇠처럼 맞아떨어지면, 일은 즐거움이 되고 성과도 자연스럽게 따라온다. 이는 직장뿐 아니라 가족, 친구 그리고 삶 전반에 적용되는 보편적인 원리다. 결국 '생긴 대로 살라'는 말은 뻔해 보일지 몰라도, '네 안의 목소리에 귀 기울여 가장 너다운 길을 가라'는 꽤 실용적인 조언이다.

승리의 나선: 오리는 호랑이가 될 수 없지만

하지만 여전히 많은 사람이 자신의 성격을 송두리째 바꾸고 싶어 한다. 거울 속 오리의 모습을 보며 호랑이가 되기를 꿈꾸는 것이다. 안타깝게도 오리는 호랑이가 될 수 없다. 조화주의자가 성과주의자로 완전히 바뀌는 것 역시 불가능하다. 그럼에도 불구하고 희망은 있다. '호랑이 같은 오리'는 될 수 있기 때문이다. 성인이 된 우리에게도 20~30%의 변화 가능성은 여전히 남아 있으며, 우리는 이 소중한 변화의 여지를 충분히, 그리고 효과적으로 활용할 수 있다. 나는 이 긍정적 변화의 과정을 위로 향하는 계단에 비유해서 승리의 나선이라 부른다. 타고난 승자의 유전자가 없더라도 의식적인 노력으로 긍정적인 경험을 쌓아 가면 누구나 성공을 향한 상승 곡선을 그릴 수 있다는 의미다.

이 승리의 나선은 뇌 안의 복잡한 화학 작용과 깊이 얽혀 있다. 오랜만에 친구와 치열한 테니스 경기를 가지고 접전 끝에 짜릿한 승리를 거두었다고 상상해보자. 그 순간, 당신의 뇌에서는 테스토스테론 수치가 급격히 치솟는다. 이 호르몬은 단순한 남성 호르몬이 아니라 자신감과 성취욕을 끌어올리는 핵심 역할을 한다. 즉, 승리의 순간 당신의 자존감도 함께 높아진다. 동시에 기분 좋은 흥분과 의욕을 불러일으키는 도파민이 분출되어 다음 도전에 더 긍정적이고 낙관적으로 임할 수 있게 한다. 여기에 마음의 평온함과 안정감을 주는 세로토닌 수치까지 함께 상승하며, 승리의 기쁨은 한층 깊어진다.

물론 승리의 짜릿함은 잠시뿐이며, 몇 시간이 지나면 뇌의 호르몬 수치는 이내 제자리로 돌아온다. 하지만 자신에게 잘 맞는 환경에서 크고 작은 성공을 꾸준히 쌓아간다면 어떻게 될까? 반복되는 성공은 뇌가 긍정적인 상태를 새로운 기준으로 삼게 하고, 신경전달물질의 평균 농도를 더 높은 수준으로 재조정하게 한다. 이는 단순히 기분이 좋아지는 차원의 변화가 아니다. 지속적인 성공 경험은 뇌의 화학 작용을 조절하는 유전자를 실제로 바꿔버린다.

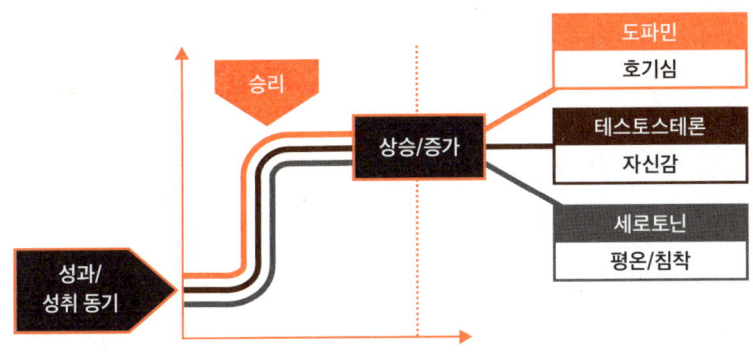

이는 마치 근육 운동과 같다. 한두 번 헬스장에 간다고 갑자기 근육질 몸이 되지 않는다. 단, 꾸준히 운동하면 근육을 만드는 유전자가 활성화되며 몸이 변하기 시작한다. 승리의 나선도 마찬가지다. 작은 성공을 반복하면 뇌의 자신감 근육이 단련되는 셈이다. 이 놀라운 현상을 현대 과학은 후성유전학 Epigenetics 이라 부른다. 이는 유전자가 태어날 때부터 평생 고정불변인 것이 아니라 우리의 경험과 환경이 유전자를 실제로 변화시키며 삶을 바꿀 수 있다는 희망적인 메시지를 담고 있다.

다만 승리의 나선에는 결정적인 조건이 하나 붙는다. 아무 노력 없이 운 좋게 얻은 우연한 성공은 뇌의 스위치를 거의 바꾸지 못한다는 점이다. 오직 자신의 의지와 노력으로 어려움을 극복하고 얻어낸 성취만이 뇌를 바꾸는 가장 강력한 동력이 된다.

이 승리의 나선이라는 개념은 한 번 상승세를 탄 운동선수가 무섭게 연승을 이어가거나 성공 궤도에 오른 기업이 연이어 혁신을 일으키는 이유를 아주 설득력 있게 설명해준다. 한 번 맛본 승리의 경험은 강력한 자신감을 낳고, 이 자신감은 이전에는 엄두조차 내지 못했던 더 큰 도전에 과감히 맞서는 내적 원동력이 된다.

하지만 이 나선에 오르는 출발선은 모두에게 평등하지 않다. 6장에서 살펴본 바와 같이, 타고난 성향이 발목을 잡을 수 있기 때문이다. 낙관주의자는 실패 가능성에도 기꺼이 도전하지만, 비관주의자는 실패에 대한 두려움이 앞서 시작조차 주저한다. 도전을 피하는 순간, 승리를 맛볼 기회는 사라지고 승리의 나선에 올라탈 입장권마저 잃게 되는 것이다.

그래서 신중한 성향의 사람일수록 작은 성공을 쌓아가는 전략이 무엇보다 중요하다. 굳이 처음부터 에베레스트를 정복할 필요는 없다. 익숙한 동네 뒷산부터 오르며 성공의 감각을 익히는 것이 현명하다는 의미다. 예를 들어, 변화를 꺼리는 전통주의자라면 업무 속 작은 비효율을 개선할 아이디어를 내보는 것부터 시작할 수 있다.

예를 들어, "이 서류 정리 방식을 바꾸면 시간을 30% 정도 절약할 수 있을 것 같습니다"라고 조심스럽게 제안해볼 수 있다. 상사가 이 아이디어를 받아들이고 실제로 효과를 본다면, "나도 긍정적인 변화를 만들 수 있구나"라는 자신감을 얻게 될 것이다. 갈등을 피하려는 조화주의자라면 무조건 "네"라고 답하던 습관에 제동을 걸어볼 수 있다. 예컨대, 동료가 무리한 부탁을 했을 때 "죄송하지만 지금은 급한 일이 있어서요. 내일 오후라면 괜찮을까요?"라며 정중히 대안을 제시하는 것이다. 상대가 이를 이해하고 관계가 오히려 돈독해진다면, "건강한 경계선이 관계를 해치지 않는구나"라는 소중한 깨달음을 얻게 될 것이다.

그렇다면 승리의 나선을 타는 궁극적인 목표는 본래의 나를 버리고 완전히 다른 존재가 되는 것일까? 그렇지 않다. 세상은 호랑이처럼 강하고 지배적인 성격의 존재들만 사는 곳이 아니기 때문이다. 우리 사회는 호랑이, 오리, 여우, 까마귀가 각자의 방식대로 어우러져 살아가는 거대한 생태계와 같다. 이 생태계에서 행복하게 살아남는 해법은 오리가 억지로 호랑이가 되려는 것이 아니다. 오리로서의 나를 온전히 받아들이되, 필요할 때 호랑이의 용기와 여우의 지혜를 유연하게 빌려 쓰는 것이다.

때로는 온화하고 신중한 오리도 자신과 가족을 지키거나 소중한 기회를 잡기 위해 호랑이처럼 용기를 내어 자신의 목소리를 분명히 내야 할 때가 있다. 두려움에 떨며 강한 존재에게 잡아먹히기만을 하염없이 기다릴 수는 없기 때문이다. 이 결정적인 순간에 필요한 용기는 승리의 나선을 오르며 차곡차곡 쌓아 올린 자신감에서 온다.

반대로, 늘 앞서 나가고 경쟁에서 이기는 것만이 최고라고 생각하는 호랑이도 때로는 오리처럼 고요한 강가에서 평화롭게 휴식을 취하거나 다른 동물들과 어울리며 함께하는 즐거움을 배울 필요가 있다. 자신의 힘만 믿고 끝없이 질주하다가는 주변을 모두 적으로 만들고 스스로를 고립시킬 수 있다. 때로는 한 걸음 물러서는 멈춤과 부드러운 조화가 더 멀리 나아가게 하는 가장 강력한 추진력이 될 수 있다는 사실을 알아야 한다.

하지만 안타깝게도 인생의 곡선이 언제나 위로만 향하는 것은 아니다. 우리를 성장시키는 승리의 나선이 있다면, 그 정반대에는 한번 빠지면 헤어나올 수 없는 추락의 길이 있다. 우리를 깊은 무력감과 절망으로 끌어들이는 패배의 함정이다.

패배의 함정: 추락하는 엘리베이터

승리의 나선이 우리를 이끄는 빛이라면 패배의 함정은 그 정반대다. 끊임없는 실패와 좌절은 제동장치가 망가진 엘리베이터처럼 우리를 끝없는 어둠의 심연으로 떨어뜨린다.

한 사람을 상상해보자. 그는 평생 비만이라는 무거운 꼬리표를 달고 살며 자신을 증오해왔다. 수십 번의 다이어트와 그보다 더 많은 실패로 마음은 너덜너덜해졌지만, 이번만큼은 마지막이라는 절박한 각오로 이를 악문다. 값비싼 피티PT를 등록하고, 냉장고를 닭가슴살과 샐러드로 채우며, 친구들과의 저녁 약속을 눈물을 머금고 거절한다. 처음 며칠은 희망이 보이는 듯하다. 굶주림을 견뎌낸 끝에 마침내 체중계 숫자가 줄어든 것을 확인하고 그는 나직이 속삭인다.

"이번에는 정말… 성공할지도 몰라."

하지만 위기는 예고 없이 찾아온다. 피할 수 없는 파티에서 '오늘 하루쯤은 괜찮아'라는 유혹이 끈질기게 파고든다. 기름진 음식이 뱃속으로 밀려들고, 며칠 뒤 친구는 무심코 던진다. "너 너무 예민해진 거 아니야? 좀 여유롭게 살아!" 걱정과 비아냥이 뒤섞인 그 말 한마디에, 애써 쌓아 올린 결심의 성이 와르르 무너져 내린다. "딱 하루니까 괜찮아"라는 자기 합리화와 함께 폭식이 시작된다.

다음 날 아침, 체중계는 더 무거워진 숫자로 그의 실패에 낙인을 찍는다. "역시 나는 안 돼." 뼛속까지 파고드는 자기혐오와 함께, 희망의 등불이었던 헬스장은 조롱의 무대로, 비싼 운동복은 수치의 증거로 전락해 옷장 깊숙이 처박힌다. 이런 실패와 자기혐오의 경험이 몇 번 더 반복되면 어떻게 될까? 다이어트는 물론 변화, 희망 같은 단어조차 고통을 유발하는 독이 되어버린다. 마음에는 깊은 체념의 그림자가 드리우고, 그는 보이지 않는 감옥에 꼼짝없이 갇히고 만다.

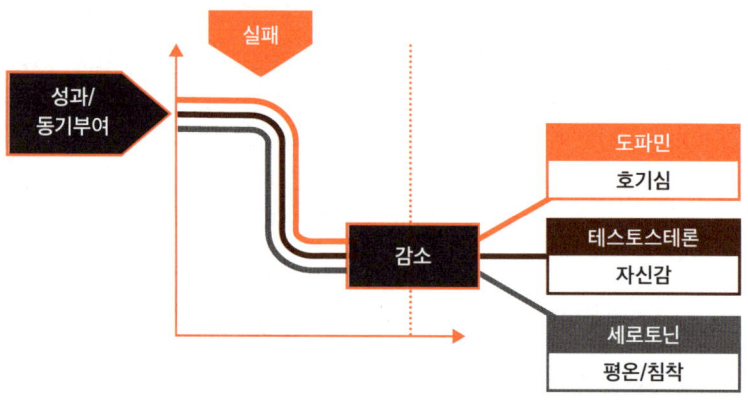

이것이 바로 패배의 함정이 가진 잔인한 메커니즘이다. 승리의 나선에서 우리를 빛으로 이끌던 뇌의 화학 작용이 이제는 우리를 어둠 속으로 몰아넣는다. 반복된 실패는 도파민 수치를 낮추고, 테스토스테론과 세로토닌 분비를 억제한다. 그 결과 자신감은 바닥으로 곤두박질치며, 우울감과 무력감이 일상을 잠식한다.

문제는 여기서 멈추지 않는다. 이 상태가 지속되면 면역력마저 약화된다. 스트레스 호르몬인 코르티솔이 끊임없이 분비되며 몸과 마음을 동시에 병들게 한다. 집중력과 기억력은 떨어지고, 예전에는 상상도 못 했던 실수를 연발하며 자존감은 더 깊은 나락으로 주락한다.

　패배의 함정이 가장 무서운 이유는 '변화하려는 의지'를 꺾는다는 점이다. 주변에서 아무리 "다시 해봐"라고 격려해도, 당사자는 "어차피 또 실패할 텐데"라며 시도조차 포기한다.

　이는 다이어트에만 국한된 이야기가 아니다. 인생의 모든 영역에서 이 함정은 도사린다. 인격 모독을 일삼는 상사 밑에서 시달리면서도 "이직하면 더 나쁠지 몰라"라며 스스로를 옭아매는 직장인, 무시와 학대를 당하면서도 "내가 부족해서 그래"라며 관계를 놓지 못하는 연인 모두 패배의 함정에 빠져 있다. 주변에서 아무리 "왜 헤어지지 못해?"라며 안타까워해도, 정작 당사자는 깊은 무력감에 빠져 스스로를 구할 최소한의 에너지를 모두 소진해버린 상태일 때가 많다.

나에게 맞는 환경을 찾아 떠나는 용기

그렇다면 이 패배의 함정에서 어떻게 벗어날 수 있을까? 해답은 환경에 있다. 같은 사람이라도 어떤 환경에 놓이느냐에 따라 천재가 될 수도, 낙오자가 될 수도 있기 때문이다.

　벤야민의 사례를 살펴보자. 그는 본래 대기업 인사팀에서 일했다. 안정적이고 체계적인 환경이었지만, 어느 순간부터 견딜 수 없는 답답함을 느꼈다. 반복되는 일상, 형식적인 회의, 변화를 거부하는 조직 문화는 쾌락주의자 성향이 강한 그에게 숨 막히는 감옥과 같았다.

결국 그는 용기를 내 스타트업으로 이직했다. 연봉은 줄어들었지만, 매일 새로운 도전과 창의적인 업무가 그를 기다렸다. 6개월 만에 그는 팀장으로 승진했고, 1년 후에는 전 직장보다 높은 연봉을 받게 되었다.

"왜 진작 옮기지 않았을까?"

정반대의 사례도 있다. 성과주의자 성향이 강한 펠릭스는 치열한 경쟁이 일상인 외국계 컨설팅 회사에서 10년간 일했다. 연봉도 높고 사회적으로 인정도 받았지만, 끝없는 경쟁과 성과 압박에 지쳐 번아웃을 경험했다. 그는 과감히 NGO로 이직했다. 그는 사회적 가치를 실현하는 일에서 새로운 보람을 찾았고, 아프리카 식수 개발 프로젝트를 성공적으로 이끌며 자신의 가치를 다시 증명해냈다.

이 두 사례가 보여주는 바는 명확하다. 환경이 바뀌면 사람이 바뀐다는 것이다. 패배의 함정에서 벗어나는 첫걸음은 바로 현재 자신의 상황을 냉정하게 진단하는 일이다.

- **첫째, 상황을 냉정히 들여다보라.** 지금의 어려움이 외부 환경이나 타인에게서 비롯된 것인지, 아니면 나 자신의 태도나 관점

을 조금 바꾸는 것만으로도 개선될 여지가 있는지 냉정하게 살펴보아야 한다.

- **둘째, 환경이 문제라면 단호히 결단을 내려라.** 부정적인 환경에서 하루하루를 버텨내는 시간이 길어질수록, 당신의 정신과 육체는 더욱더 깊은 상처를 입고 회복하기 어려워질 수 있다. 때로는 짧고 굵은 고통이 가늘고 긴 영원한 고통보다 나은 선택일 수 있음을 기억하라.
- **셋째, 내면의 변화가 필요하다면 전문가의 손길을 빌려라.** 혼자서 모든 것을 해결하려는 것은 오만일 수 있다. 신뢰할 만한 심리 상담가의 객관적인 조언과 지지가 큰 도움이 될 것이다. 만약 당신의 성격이나 자존감이 이미 부정적인 환경에 의해 깊이 영향을 받았다면, 건강한 자아를 되찾는 데는 시간이 걸릴 수 있다.
- **넷째, 다음 선택은 더욱 신중하라.** 새로운 환경을 찾을 때는 당신의 타고난 성격과 가치관을 최우선으로 고려해야 한다. 단순히 눈앞의 연봉이나 그럴듯한 직위만 보고 섣불리 결정했다가는, 이전보다 더 깊은 함정에 빠져 허우적거릴 수 있다.

다른 사람들도 승리의 나선으로 이끌어라

이제 시선을 밖으로 돌려, 당신이 주변에 미치는 영향을 생각해보

자. 당신은 소중한 가족과 동료, 팀원에게 어떤 존재인가? 그들의 잠재력을 최대한으로 끌어내며 함께 성장하고 있는가, 아니면 무심코 그들의 날개를 꺾고 있는가? 다음 몇 가지 질문들을 통해 스스로의 모습을 한번 점검해보자.

- **질문 ① 당신은 강점을 보는 사람인가, 단점을 보는 사람인가?**

    모든 성격은 동전의 양면과 같아서 빛과 그림자를 동시에 품고 있다. 당신은 어느 쪽을 먼저 보는가? 규율과 원칙을 중시하는 전통주의자가 있다. 당신은 그를 "고집스럽고 융통성 없는 사람"으로 치부할 것인가, 아니면 "강한 책임감과 흔들림 없는 성실함을 지닌 사람"으로 높이 평가할 것인가? 목표 지향적인 성과주의자는 어떤가? "주변 사람들을 배려할 줄 모르는 차갑고 오만한 사람"으로 비난할 수도 있지만, "탁월한 성취 의지와 실행력"을 높이 평가하여 그가 마음껏 능력을 펼칠 수 있도록 날개를 달아줄 수도 있다. 혹시 당신은 무의식중에 특정 라이프 코드 유형을 가진 사람들의 단점이나 불편한 점에만 집중하고 있지는 않은가?

- **질문 ② 당신은 팀원들의 성장에 '맞춤형' 도전을 제시하는가?**

    승리의 나선은 스스로 무언가를 해냈다는 짜릿한 성취감에서 피어오른다. 주변 사람들이 성장하기 바란다면 그들에게 작은 성공이라도 직접 경험할 기회를 열어주어야 한다. 핵심은 각자의 라이프코드 유형과 능력에 맞는 적절하고 매력적인 도전을 제시하는 것이다. 지혜로운 리더는 팀원의 강점과 잠재력을 꿰뚫어 보고, 그에 맞는 최적의 역할과 도전 과제를 부여하여 그들이 가장 빛날 수 있는 판을 깔아준다.

- **질문 ③ 승리의 순간을 함께 기뻐하고 축하하는가?**

    개인이나 팀이 어려운 과정을 거쳐 값진 성공을 거두었을 때, 당신은 그 결실을 온전히 그들의 몫으로 돌리며 마치 자신의 일처럼 진심으로 기뻐하는가? 아니면 리더라는 위치나 더 많은 경험을 이유로 그들의 공을 슬며시 가로채거나 그들의 성과를 당연시하는가? 작은 성공이라도 함께 기뻐하고 노력을 구체적으로 인정하는 문화는 도파민과 세로토닌 같은 긍정적인 뇌 화학 반응을 불러일으켜 승리의 나선을 더 빠르고 가파르게 만든다.

이제 우리의 가장 가깝고도 어려운 관계, 바로 연인 관계를 한번 살펴보자.

- **질문 ① 당신은 연인을 긍정적으로 바라보는가?**

    결혼하고 아이를 낳아 키우다 보면 깨닫게 되는 진실이 있다. 상대의 좋은 점을 의식적으로 찾아내 구체적으로 인정하고 표현하는 것이 건강하고 행복한 관계의 비결이라는 점이다. 이는 4장에서 살펴보았듯, 가만히 두면 부정적인 신호에 먼저 반응하도록 설계된 우리 뇌의 본성 때문이다.

그렇기에 행복은 의식적인 노력을 필요로 한다. 당신과 연인은 서로 다른 환경, 경험, 상처, 기쁨을 안고 자란, 세상에 단 하나뿐인 고유한 존재다. 라이프코드도, 유전자도, 삶의 궤적도 다르다. 이 다름과 차이에만 초점을 맞춰 에너지를 소모하고 다툼을 반복하기보다, 다름을 있는 그대로 받아들이고 이해하려 노력하며 상대의 좋은 점과 사랑스러운 점을 적극적으로 찾아 칭찬해라.

- **질문 ② 생각만 하는 것이 아니라 말로 표현하는가?**

연인 관계에서 가장 중요한 것은 거창한 이벤트나 값비싼 선물이 아니다. 일상 속에서 자연스럽게 표현되는 진심 어린 존중과 따뜻한 감사 그리고 사소한 애정 표현이다. 늦은 밤까지 묵묵히 발코니의 삐걱거리는 문을 고쳐 가족 모두의 편안함을 챙겨준 연인에게 "여보, 당신 덕에 이제 밤에 조용히 잘 수 있겠네. 정말 고마워"라고 따뜻하게 말해주는 것. 혹은 평소 즐기지 않는 시끄러운 락 페스티벌에 기꺼이 동행하여 함께 땀 흘리며 즐겨준 연인에게 그 순간의 고마움을 담은 따뜻한 눈 맞춤이나 진심이 담긴 포옹을 해주는 것이 필요하다.

이런 아주 작고 사소해 보이는 표현들이야말로 서로에게 긍정적인 감정을 즉각적으로 불러일으키고 뇌의 보상 회로를 강력하게 자극하여 두 사람의 관계를 승리의 나선으로 이끄는 강력한 연료가 된다.

성격 개조의 진정한 의미

이 모든 이야기의 핵심은 무엇일까? 성격 개조란 자신을 완전히 다른 사람으로 바꾸는 작업이 아니다. 오히려 자신의 본질을 더 깊이 이해하고, 그 위에 필요한 능력을 더해가는 과정이다.

"나는 이런 사람이니 이렇게만 살아야 해"라는 운명론에도, "나를 완전히 바꿔야 성공할 수 있어"라는 강박에도 갇히지 말자. 대신 이렇게 질문해보자.

"내가 가진 고유한 강점을 어떻게 더 잘 활용할 수 있을까?"

"이 복잡한 세상에 유연하게 대처하기 위해 어떤 새로운 능력을 갖춰야 할까?"

"나와 다른 성격의 사람들로부터 어떤 지혜를 배울 수 있을까?"

이러한 질문을 통해 우리는 고유의 색을 잃지 않으면서도 더욱 풍성하고 다채로운 존재로 성장할 수 있다. 나아가 주변의 소중한 이들 또한 각자의 승리의 나선을 탈 수 있도록 도울 수 있을 것이다.

당신은 지금 승리의 나선을 타고 있는가?

당신은 현재, 승리의 나선과 패배의 함정 중 어느 위치에 서있는가? 인간관계, 커리어, 건강 등 각 분야에 따라 위치가 조금씩 다를 수 있다. 어떤 상태에 있든 중요한 것은, 오늘 당장 당신의 승리의 나선을 위해 시작할 수 있는 아주 작은 행동 한 가지는 있다는 것이다. 거창하거나 대단한 것일 필요도 전혀 없다.

오늘 당신의 삶을 아주 조금이라도 더 다채롭고 긍정적으로 만들 수 있는 '작지만 의미 있는 행동' 하나를 찾아 지금 당장 실천해보는 것은 어떨까? 오랫동안 이런저런 핑계로 미뤄왔던 책 한 페이지 읽기, 매일 아침 엘리베이터에서 마주치는 어색했던 이웃에게 먼저 웃으며 밝게 인사 건네기, 잠들기 전 딱 5분만 투자하여 짧은 감사 일기 쓰기. 무엇이든 좋다. 이 아주 사소해 보이는 첫걸음이 꾸준히 반복될 때, 그것은 마치 작은 나비의 날갯짓처럼 당신의 뇌와 유전자 발현에까지 긍정적인 영향을 미쳐, 당신이 생각하는 것보다 훨씬 더 크고 놀라운 변화의 시작점이 될 수 있다는 사실을 기억하라.

결국 성격 개조의 진정한 목표는 완벽한 사람이 되는 것이 아니라, 더 나은 내가 되는 것이다. 자신의 본질을 지키면서 세상의 변화에 유연하게 대응하는 사람, 자신만의 방식으로 세상에 선한 영향을 미치는 사람. 이것이 우리가 추구해야 할 모습이다.

LIFECODE NOTE 8

1. 타고난 성격은 바꿀 수 없다. 자신을 이해하고 성격이나 가치관에 맞는 환경을 찾는 것이 나답게 사는 첫걸음이다.

2. 작은 성공 경험(승리의 나선)은 뇌와 유전자를 긍정적으로 변화시킨다.

3. 라이프코드는 판단과 잣대가 아니라, 나와 타인을 이해하는 도구다.

9장

40년 차 남편도 몰랐던 그녀의 비밀

서문에서 이야기했던 체르노빌 여행기를 다시 떠올려보자. 방사능 구름이 독일을 덮친다는 라디오 뉴스를 듣고, 아내는 본능적으로 집으로 돌아가자고 했지만, 나는 지나친 걱정이라며 휴가를 강행하려 했다. 이 책을 여기까지 읽은 독자라면 라이프코드 관점에서 그 이유를 짐작할 수 있을 것이다. 안전과 보호를 무엇보다 중시했던 아내의 머릿속에서는 '균형/조화 시스템'이 요란한 경고음을 울렸고, 나는 '지배/자극 시스템'의 목소리가 훨씬 더 컸기에 아내의 그 절박한 걱정을 애써 무시하고 눈앞의 달콤한 휴가를 택하려 했다.

하지만 이 차이는 단순히 개인의 성향 문제만은 아니었다. 라이프코드는 종종 성별이라는 거대한 변수에 따라 뚜렷한 경향성을 보이기 때문이다. 왜 남자와 여자는 서로를 그토록 이해하기 어려워할까? 왜 같은 상황에서 전혀 다른 반응을 보이고, 같은 말을 다르게 해석하는 걸까? 솔직히 말해서, 결혼 40년 차 베테랑 남편인 나조차 아내를, 아니 여자를 여전히 잘 모르겠다. 아마 이 순간, 이

말에 세상의 수많은 남편이 남몰래 고개를 끄덕이고 있지 않을까 싶다. 여자는 정말 공감을 최우선으로 갈망하고, 남자는 자유만을 부르짖는 존재일까?

성과 젠더, 그 불편한 진실

"여자는 태어나는 것이 아니라 만들어진다." 프랑스 철학자 시몬 드 보부아르의 이 선언은 반세기 넘게 성 역할 논쟁의 중심에 서 있었다. 이는 남성성과 여성성이란 타고나는 것이 아니라, 전적으로 사회적 학습의 결과라는 믿음으로 이어졌다. 갓난아기에게 "예쁜 공주님", "늠름한 아들"이라 부르고 분홍색과 파란색 옷을 입히며 길러낸 결과물이라는 것이다.

하지만 의학계는 전혀 다른 이야기를 하기 시작했다. 더 정확히는, 생명을 구하기 위해 그래야만 했다. 젠더 의학 Gender Medicine 은 "여성은 작은 남성이 아니며 모든 세포 단위부터 다르다"는 사실을 일깨워준다. 과거 신약 임상시험은 주로 남성을 대상으로 진행되었다. 여성의 월경 주기에 따른 호르몬 변화가 안정적인 결과를 방해한다는 터무니없는 이유에서였다. 그 결과, 심장 질환 치료제 디곡신 Digoxin 처럼 남성에게는 효과적이지만 여성에게는 오히려 해로울 수 있는 약이 탄생하기도 했다. 심지어 오늘날에도 일부 약물이 여성에게 부적절한 용량으로 처방된다.

이런 비극을 막기 위해 미국에서는 30년 전부터 성별에 따른 분리 연구를 의무화하자는 목소리가 높았다. 그런데 이 움직임을 수년간 가로막은 것은, 아이러니하게도 일부 페미니스트 운동이었다. 만약 성별에 따른 분리된 의학 실험에 동의한다면, 그것은 곧 남녀 간의 생물학적 차이를 인정하는 꼴이 되어 자신들의 주장이 훼손될 것을 우려했기 때문이다. 하지만 약물에 대한 몸의 반응은 명백한 생물학의 영역이다.

하지만 생물학적 차이를 인정한다고 해서 사회적 젠더 편견이 낳는 비극이 사라지는 것은 아니다. 과거 수많은 여성이 심장마비로 목숨을 잃은 이유가 바로 여기에 있다. 의학계가 심장마비를 남성의 병으로 간주하고, 남성의 전형적 증상(극심한 흉통, 왼쪽 팔 통증)만 기준으로 삼았기 때문이다. 여성의 비전형적 증상(상복부 불편, 숨 가쁨, 메스꺼움)은 단순한 소화불량이나 불안 증세로 치부되었고, 그 결과는 치명적이었다. 이는 명백히 남성 중심적 의료 관행이 낳은 비극이다.

성
(생물학적 성별)

젠더
(사회문화적 성별)

결론은 명확하다. 생물학적 성과 사회적 젠더는 서로 대립하는 개념이 아니다. 생물학적 성을 무시하면 생명의 위협을, 사회적 젠더를 외면하면 차별의 고통을 낳는다.

물론 이 논의를 남성과 여성이라는 이분법적 틀에 한정하는 것에는 한계가 있다. 세상에는 다양한 성 정체성이 존재하며, 그들 모두는 어떤 차별이나 소외 없이 존중받아야 한다. 하지만 통계적으로 보면 성소수자와 논바이너리 정체성을 가진 사람들은 인구의 약 7%를 차지한다. 반대로 말하면, 인구의 93%는 고전적인 여성과 남성의 범주에서 살고 있다. 따라서 이 글에서는 남녀 간의 생물학적 및 사회적 차이가 구체적으로 어떤 영향을 미치는지에 집중했음을 밝힌다.

여성과 남성의 뇌

여성과 남성의 뇌를 들여다보자. 수십 년간의 뇌 연구를 통해 여러 차이점이 밝혀졌으며, 그중 몇 가지를 살펴보면 다음과 같다.

- 먼저, 뇌의 좌반구와 우반구를 연결하는 신경섬유 다발인 뇌량 Corpus Callosum의 특정 부위는 평균적으로 남성보다 여성이 더 두껍다. 이것이 양쪽 뇌의 소통에 실제로 영향을 미치는지는

논쟁의 여지가 있지만, 차이가 있다는 것은 분명하다.
- 감정의 중추인 변연계의 신경핵, 특히 성적 욕망이나 자녀 돌봄 행동을 담당하는 특정 신경핵은 남성과 여성에게서 그 크기나 활성화되는 방식이 다르게 발달한다.
- 남성의 경우, 두려움이나 공격성과 같은 강렬한 감정을 처리하는 편도체Amygdala와 생존 본능과 관련된 시상하부Hypothalamus의 특정 영역이 여성보다 평균적으로 더 크다.
- 문제 해결 방식에서도 차이가 관찰된다. 복잡한 사고 과제를 풀 때 남성과 여성은 동일한 정답에 도달하더라도, fMRI 같은 최첨단 뇌 단층 촬영으로 확인하면 문제를 해결할 때 사용되는 뇌의 활성화 영역이 다르다.

하지만 뇌의 구조적인 차이만으로 남녀 간의 감정과 사고방식의 모든 차이를 설명할 수는 없다. 그보다 더 중요한 것은 뇌에 작용해 때로는 영구적인 변화를 일으키는 신경전달물질, 특히 호르몬이다. 여기서 주목해야 할 것은 남성 호르몬으로 알려진 안드로겐(대표적으로 테스토스테론)과 여성 호르몬으로 불리는 에스트로겐(핵심은 소포 호르몬)이다. 또한 옥시토신, 프로락틴, 바소프레신, 프로게스테론, 그리고 사랑에 빠졌을 때 분비되는 PEA(페닐에틸아민) 같은 신경전달물질도 뇌의 성별 차이에 중요한 역할을 한다.

먼저 바로잡아야 할 오해가 있다. 남성 호르몬, 여성 호르몬이라는 말은 엄밀히 말해 정확하지 않다. 남녀의 신체에는 이 호르몬이 모두 존재하며, 단지 그 농도와 영향력에서 압도적인 차이가 날 뿐이다. 테스토스테론은 평균적으로 남성이 여성보다 10~20배 더 많이 분비하며 지배 시스템과 관련이 깊다. 반면 에스트로겐은 타인에 대한 공감 능력과 관계 지향성을 강화하며, 평균적으로 여성에게서 훨씬 더 높은 수치를 보인다. 사랑의 묘약 옥시토신 역시 평균적으로 여성에게서 더 높은 농도로 나타나며, 조화 시스템에 큰 영향을 미친다.

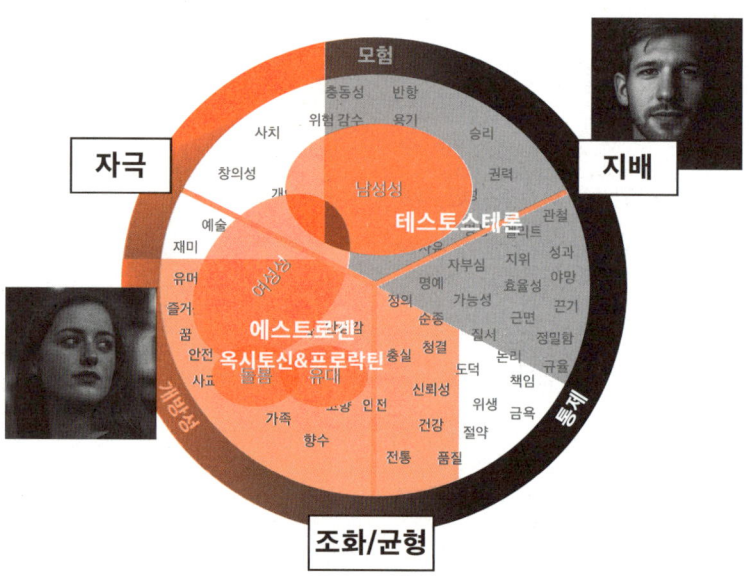

이렇듯 남녀의 핵심 호르몬 농도는 통계적으로 명백한 차이를 보인다. 물론 이는 평균값일 뿐, 개인차는 존재한다. 하지만 바로 이 평균의 차이가, 이제 우리가 살펴볼 남녀의 라이프코드 유형 분포에 뚜렷한 차이가 나타나는 이유를 설명하는 가장 강력한 과학적 배경이 된다.

남녀의 사고방식 차이

쾌락주의자와 전통주의자가 세상을 전혀 다른 눈으로 보듯, 남성과 여성 역시 사고방식에서 뚜렷한 차이를 보인다.

뇌과학은 이 차이를 명쾌하게 설명한다. 남성의 뇌는 세상을 거대한 시스템으로 파악하고, 그 안의 논리와 효율성을 찾으려 한다. 반면 여성의 뇌는 그 시스템을 구성하는 사람 사이의 관계와 맥락을 읽어내고, 미묘한 감정의 디테일을 포착하는 데 더 뛰어나다.

이 차이를 렌즈에 비유하면 더 명확해진다. 테스토스테론은 망원렌즈다. 자잘한 세부사항은 과감히 뭉개버리고 오직 핵심 목표와 큰 그림에만 초점을 맞춘다. 덕분에 복잡한 상황에서도 빠른 결정이 가능하지만, 중요한 맥락을 놓쳐 오판하기도 쉽다. 에스트로겐은 광각렌즈다. 해상도를 극도로 높여 아주 세세한 부분까지, 즉 전체적인 상황과 그 안의 모든 관계를 한눈에 담아낸다. 덕분에

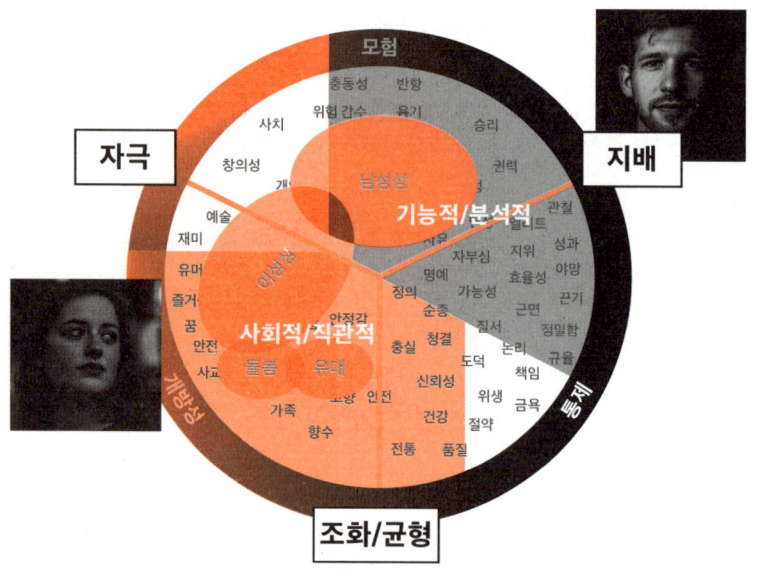

종합적인 판단이 가능하지만, 너무 많은 정보로 인해 결정을 망설이거나 갈팡질팡하게 만들 수 있다.

성전환자가 들려주는 충격적인 고백

호르몬이 우리의 사고방식에 얼마나 강력한 영향을 미치는지 보여주는 가장 극적인 사례가 있다. 바로 성전환 과정을 겪는 사람들의 경험이다.

네덜란드에서 여성에서 남성으로 전환한 한 사람의 고백을 들어보자.

"테스토스테론 치료를 받은 후 세상을 보는 방식이 완전히 바뀌었어요. 요즘 말을 하는 게 훨씬 어려워졌어요. 어떤 상황이나 감정을 섬세하게 표현할 단어를 찾기가 힘들어서 그냥 직설적이고 단순하게 말하게 되죠.

길을 걸을 때도 달라졌어요. 예전에는 예쁜 꽃이나 쇼윈도의 소품 같은 세세한 것들이 눈에 들어왔는데, 이제는 전체적인 풍경만 보여요. 여러 일을 동시에 처리하던 것도 이제는 하나씩 순서대로 해야 마음이 편하고요.

상상력이나 창의적인 아이디어도 눈에 띄게 줄었어요. 하지만 정반대의 변화도 있어요. 이유 모를 자신감이 부쩍 늘어서, 요즘은 뭐든 해낼 수 있을 것 같은 기분이 들 때가 많아요."

이 고백은 우리에게 하나의 분명한 사실을 알려준다. 호르몬은 단순히 기분이나 감정만 조절하는 것이 아니다. 세상을 인식하고 정보를 처리하며 사고하는 방식 그 자체를 바꾼다.

여자는 친밀함을, 남자는 거리를 원한다

주말 아침 거실의 흔한 풍경을 떠올려보자. 소파에 누워 게임에 몰두한 남편과 그 모습을 못마땅하게 바라보는 아내가 있다. 아내는 속으로 생각한다. '나는 안중에도 없나? 집안일은 나 몰라라 하고…' 서운함은 곧 분노로 바뀐다. 최악의 경우, 아내는 남편의 행동을 가정에 대한 무책임함이자 사랑이 식은 증거로 단정하고 그의 게임기를 처분해버릴지도 모른다.

　남편의 입장은 어떨까? 그는 아내가 왜 그렇게 화가 났는지 전혀 이해하지 못한다. 그에게 게임은 지난 한 주간의 스트레스를 푸는 유일한 도피처였을 뿐이다. 그런 소중한 휴식 시간을 방해받고 심지어 게임기까지 빼앗긴 그는 아내의 행동을 '비이성적인 공격'으로 받아들이며 깊은 배신감을 느낄 것이다. 이 사소해 보이는 갈등의 핵심에는 서로 다른 욕구를 이해하지 못하는 오해가 자리 잡고 있다. 남편은 스트레스를 해소할 개인적인 시간이 필요했을 뿐이고, 아내는 남편과 함께 장을 보거나 대화를 나누며 정서적 유대감을 느끼고 싶었을 뿐이다.

　결국 여성은 남성의 거리 두기를 "사랑이 식었다"는 신호로 해석하며 불안해하고, 남성은 끊임없이 함께 있기를 원하는 여성 때문에 "숨이 막힌다"며 답답해한다. 사랑만으로는 해결되지 않는 근본적인 차이가 여기에 있다.

남녀가 섹스를 바라보는 시선, 그 미묘한 온도 차이

앞서 살펴본 남녀의 라이프코드 지도를 떠올리면, 남성과 여성의 성적 특성이 서로 다른 감정 시스템에 뿌리를 두고 있음을 알 수 있다. 이는 단순한 개인차가 아니라 생물학적 차이, 특히 호르몬 환경의 차이에서 비롯된다. 남성의 성적 욕망과 행동은 주로 테스토스테론의 강한 자극을 받는다. 반면 여성의 성적 욕망은 에스트로겐을 비롯한 여러 호르몬의 복합적인 작용과 정서적 유대감, 친밀함의 맥락에서 발현되는 경우가 많다. 그래서 남녀가 섹스에 대해 갖는 인식과 기대는 다를 수밖에 없다.

여성에게 섹스는 단순한 육체적 쾌락을 넘어 파트너와의 깊은 정서적 친밀함과 사랑을 확인하고 표현하는 중요한 소통 방식으로 여겨진다. 에스트로겐과 옥시토신 같은 호르몬이 유대감과 돌봄의 감정을 촉진하기 때문이다. 반면 남성은 테스토스테론의 영향으로 섹스를 보다 본능적이고, 때로는 정복적인 행위로 인식하는 경향이 있다. 성적 욕구의 강도와 빈도도 평균적으로 남성이 여성보다 더 높다.

이러한 차이는 성관계 전후의 미묘한 행동에서도 드러난다. 예를 들어, 여성은 관계 후 따뜻한 대화나 스킨십을 통해 정서적 연결을 이어가고 싶어 하는 경우가 많다. 반면 남성은 성적 만족을 얻은 후에는 곧바로 깊은 잠에 빠지거나 다른 생각으로 전환하는, 다소 무심해 보이는 행동을 상대적으로 더 자주 보인다. 관계를 시작하는 동기와 과정에서도 차이가 있다. 남성은 시각적 자극이나 충동적인 욕구에 쉽게 반응하며 관계를 주도하려는 경향이 강하다. 여성은 그 순간의 분위기나 상대방과의 감정적 교감, 안정감과 신뢰를 더 중요하게 생각한다.

남녀 간 섹스 인식의 평균적인 차이는 왜 생겨난 것일까? 그 해답은 인류 진화의 장구한 과정에서 찾을 수 있다. 아주 먼 옛날부터 인류는 자손을 남기고 성공적으로 키워내기 위해 남성과 여성이 각기 다른 생물학적 역할과 생존 전략을 발전시켜왔다. 여성은 소중한 아이를 열 달 동안 뱃속에서 안전하게 키우고, 출산 후에도 오랫동안 젖을 먹이며 끊임없는 보살핌을 제공해야 했다. 한 아이를 키우는 데는 막대한 시간과 에너지, 심지어 목숨까지 걸어야 하는 투자가 필요했기에 그 힘든 기간 동안 자신과 연약한 아이를 지켜주고 든든하게 지원해줄 믿음직한 짝의 존재가 생존과 번식에 절대적으로 유리했다. 그렇기에 여성은 자연스럽게 일시적인 관계보다 지속적이고 깊은 관계와 정서적 유대를 중요하게 여기게 되었다. 섹스 역시 안정적인 관계를 확인하고 강화하는 중요한 의미로 받아들였다.

반면 남성은 이론적으로 단 한 번의 관계로도 자신의 유전자를 가진 자손을 남길 수 있었다. 따라서 한 상대에게 여성만큼 막대한 시간과 에너지를 투자할 필요는 없었다. 진화적 관점에서 보면,

가능한 한 많은 상대와 관계를 맺어 유전자를 널리 퍼뜨리는 전략이 종족 번식의 성공률을 높이는 데 더 효과적이었을 수 있다. 이러한 수백만 년에 걸친 진화적 배경은 오늘날 남성이 평균적으로 여성보다 강하고 빈번한 성적 충동을 느끼거나 섹스를 깊은 정서적 관계와 다소 별개로 인식하는 경향을 부분적으로 설명한다.

왜 아이돌 팬덤은 여자가 많고, CEO는 남자가 많을까?

여성은 공감적이고 사회적인 감정에, 남성이 기능적이고 분석적인 감정에 더 끌리는 경향이 유전자에 깊이 새겨져 있다. 기능적이고 분석적인 감정은 종종 기술에 대한 관심이나 문제 해결 능력으로 이어지는데, 이는 전통적으로 남성에게 요구되었던 지배 시스템과 깊은 관련이 있다. 이러한 차이는 어린 아이들의 장난감 선호에서도 드러난다. 예를 들어, 여자아이는 인형을 가지고 엄마 아빠 놀이를 하거나 친구들과 소꿉놀이를 하는 등 관계 중심적인 놀이에 더 큰 흥미를 느끼는 반면, 남자아이는 자동차나 로봇, 혹은 블록처럼 움직이고 조작하며 경쟁하는 놀이에 열광하는 경향을 보인다. (물론 자동차를 좋아하는 여자아이도 많다.)

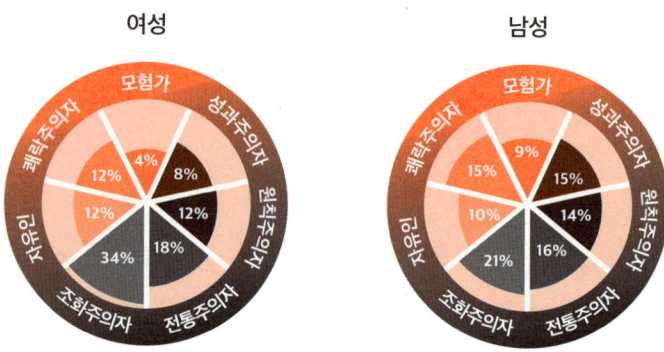

　이 표에서 알 수 있듯, 모든 성격 유형은 남녀 모두에게 나타난다. 이는 남녀 간 차이가 흑백처럼 단절된 'A 아니면 B'가 아니라 연속선상의 정도 또는 경향성 차이임을 보여준다. 그럼에도 특정 영역에서는 뚜렷한 비율 차이가 관찰된다. 특히 호르몬 환경이 감정적 성격 형성에 강한 영향을 미친다는 점을 고려하면, 균형과 지배 영역에서 남녀 차이가 두드러진다. 예를 들어, 사람과의 관계를 중시하는 조화주의자의 비율은 여성에게서는 평균 34%인 반면, 남성은 21%로 낮다. 반대로, 성취와 경쟁을 중시하는 지배 관련 유형의 비율은 남성이 15%, 여성은 8%로 남성이 더 높은 경향을 보인다. 테스토스테론의 영향을 많이 받는 모험가 유형에서도 비슷한 차이가 관찰된다.

　성별에 따른 라이프코드 경향성의 차이는 사회 곳곳에서 다양한 형태로 나타난다. 예를 들어, 전 세계적으로 기업의 최고경영자

CEO 자리에 남성이 여성보다 많은 것은, 평균적으로 남성에게서 더 강하게 나타나는 성과주의자 및 지배 성향과 무관하지 않다. 특정 직업군의 성비 불균형도 마찬가지다. 엔지니어링, IT 개발, 혹은 금융 투자처럼 냉철한 논리적 분석과 과감한 문제 해결 능력이 요구되는 분야에는 남성이 더 많이 분포하는 경향이 있다. 반대로 교육, 간호, 상담처럼 공감 능력과 헌신적인 돌봄이 중요한 분야에는 여성이 훨씬 더 많다.

아이돌 팬덤 문화에서도 흥미로운 차이가 발견된다. 열성적인 여성 팬들은 팬클럽 활동을 통해 함께 응원하고 정보를 교류하며 강한 소속감과 유대감을 형성한다. 반면 남성 팬들은 혼자서 좋아하는 연예인의 콘텐츠를 찾아보거나 개별적으로 응원하는 등, 집단 활동보다 개인적인 방식으로 팬심을 표현하는 경우가 상대적으로 많다. 이는 여성에게서 평균적으로 더 강하게 나타나는 조화 시스템의 영향으로 보인다.

공간을 인식하는 방식에서도 차이가 발견되곤 한다. 남성은 방향, 거리, 좌표 같은 추상적이고 공간적인 정보를 활용하여 현재 위치에서 목표 지점까지의 효율적인 경로를 파악하려는 전략을 선호한다. (예: "여기서 북쪽으로 2킬로미터 직진하다가 세 번째 신호등에서 우회전하면 돼.") 반면 여성은 주변 환경과의 관계성을 중시하는 조화 시스템이 더 발달했기 때문에 특정 건물이나 상점, 혹은 독특한 조형물 같은 구체적인 랜드마크를 길잡이 삼아 맥락적으로 경로를 찾아가는 방식을 자주 사용한다. (예: "저기 빨간 간판 편의점 보이지? 거기서 오른쪽으로 꺾어 쭉 가다가, 파란 지붕 빵집 나오면 바로 그다음 골목이야.")

와이파이 증폭기 vs 고급 식탁 의자

우리의 일상과 아주 밀접한, 특히 가구를 배치하거나 집 안을 꾸미는 것과 같이 미적 감각이 중요한 직업군에서도 대부분 여성들이 두각을 나타낸다. 실제로 실내건축학 전공 학생 중 여성 비율은 무려 80%에 달한다.

이에 대한 아주 개인적인 이야기가 하나 있다. 바로 내 딸과 사위 이야기다. 몇 주 전, 딸 부부가 우리 집 아래층으로 이사 왔다. 사위는 이사 오기 4주 전부터 드릴과 온갖 측정기를 들고 나타나, 집 안 전체에 새로운 데이터 케이블을 설치하고 여기저기 와이파이 증폭기를 다느라 분주했다. 그의 목표는 단 하나, 집 안 어디에서도 전송 속도 500Mbps 이하로 인터넷을 쓰고 싶지 않다는 것이었다. 거의 비슷한 빈도로 딸에게 온 택배 상자들도 집 안을 가득 채웠다. 그 안에는 식탁 의자부터 시작해서 벽지 샘플, 거실 조명, 아기자기한 쿠션과 화병 같은 온갖 종류의 거실 액세서리들이 있었다. 나는 두 사람이 새집을 꾸미는 과정에서 벌어지는 미묘한 신경전과 토론을 생생히 목격했다. 딸은 사위에게 "집에 무슨 우주 관제 센터라도 차릴 셈이야?"라고 했고, 사위는 "여보, 이 식탁 의자 하나에 정말 그렇게 많은 돈을 써야 해?"라며 아내의 미적 기준에 물음표를 던졌다.

이제 그들은 매일 저녁 딸이 공들여 꾸민 아름다운 거실 소파에 나란히 앉아, 사위가 설치한 최첨단 미디어 센터를 통해 영화관 같은 화질로 최신 시리즈를 열광적으로 시청한다. 만약 사위가 없었다면 딸은 구식 TV 앞에 앉아 답답해했을 것이다. 그리고 만약 딸이 없었다면, 사위의 집은 맹인 안내견조차 질색하며 외면할 정도로 삭막하고 황량했을지도 모른다.

이러한 경향은 통계로도 명확히 드러난다. 남성은 기술, 자동차, 스포츠 장비에 흥미를 두드러지게 드러내고, 여성은 인테리어, 패션, 생활용품에 훨씬 더 높은 관심을 보인다.

자신감이 넘치는 남자, 자신을 낮추는 여자

우리 몸의 호르몬은 제품 선호도뿐만 아니라 자기 평가 방식에서도 뚜렷한 흔적을 남긴다. 평균적으로 남성은 자신과 자신의 능력, 그리고 성과를 실제보다 다소 과대평가한다. 반면 여성은 세상과 자신에 대해 다소 비관적이거나 현실적인 시각을 갖는다. 앞서 언급한 b4p 연구에서 "나는 다소 위험을 감수하며 새로운 모험을 적극적으로 추구한다"는 진술에 대해 남성 응답자의 약 30%가 "그렇다"고 답했지만, 여성은 단 15%만이 "그렇다"고 답했다.

수많은 사회심리학 실험에서도 비슷한 결과가 반복적으로 나타난다. 예를 들어, 중요한 결정을 내릴 때 남성만으로 구성된 그룹은 종종 지나치게 낙관적이거나 위험을 과소평가해 재앙으로 이어지는 결정을 내리곤 한다. 잠재적인 위험 요소를 제대로 고려하지 않거나 중요한 세부 사항을 간과하기 때문이다. 반대로 여성만으로 구성된 그룹은 위험을 과도하게 회피하거나 세부 사항에 몰두한 나머지, 최적의 결과를 얻지 못하고 기회를 놓치는 경우가 많다. 흥미롭게도, 남성과 여성이 적절히 섞인 혼합 그룹이 의사결정에서 가장 좋은 결과를 얻는 경우가 많다. 이는 그들의 '혼합된' 위험 평가 방식이 현실의 위험 수준에 가장 부합하기 때문일 것이다.

독일의 저명한 경제학자이자 정부 경제 자문위원인 모니카 슈니처Monika Schnitzer 교수는 이 문제의 핵심을 정확히 짚었다. 과거 폭스바겐 그룹의 디젤게이트 스캔들에 대한 신문 인터뷰에서 그녀는 이렇게 말했다.

"만약 당시 폭스바겐 이사회에 여성이 단 한 명이라도 목소리를 낼 수 있는 위치에 있었다면, 의사결정 과정은 완전히 달랐을 것입니다. 자동차, 권력, 기술에 똑같이 열광하는 남성들로만 이루어진 집단을 생각해봅시다. 이런 동질적인 그룹은 자신들에게 유리한 낙관론에만 쉽게 동의하고, 반대 의견은 무시하려는 유혹에 빠지기 쉽습니다. '이 정도 가지고 범죄라고 할 수 있겠어?'와 같은 안일한 생각이 지배하는 분위기에서는 건강한 내부 비판이 제대로 작동하기 어렵습니다."

이러한 자신감의 차이는 금융 투자에서도 뚜렷하게 나타난다. b4p 연구에 따르면 "나는 금전 투자와 재테크에 관심이 많다"는 진술에 여성보다 2배 많은 남성이 동의했고, "나는 정기적으로 주식 시세나 투자 정보를 찾아본다"는 적극적인 진술에는 여성보다 3배 많은 남성이 그렇다고 답했다. 남성은 더 공격적인 투자를, 여성은 더 안정적인 투자를 선호하는 경향은 통계적으로 뚜렷하게 나타난다.

하지만 이 공격적인 자신감이 항상 더 나은 결과로 이어질까? 흥미롭게도 실제 투자 성과는 정반대인 경우가 많다. 장기간 개인 투자자들의 포트폴리오를 분석한 여러 연구에서, 여성이 남성보다 더 꾸준하고 침착하게 분산 투자를 하기 때문에 평균적으로 더 안정적이고 우수한 투자 결과를 얻는 것으로 나타났다. 문제는 능력의 차이가 아니라 관심사의 차이이며, 관심사는 결국 동기 부여, 즉 라이프코드의 문제로 귀결된다.

이처럼 남성이 여성보다 평균 소득이 높은 현상은 단순히 사회적 차별 때문만은 아니며, 위험을 감수하더라도 더 높은 성취를 좇는 남성(지배 시스템)과 안정적인 균형을 우선시하는 여성(조화/균형 시스템)의 서로 다른 선택이 누적된 결과로 볼 수 있다. 독일의 경우 성별 임금 격차는 약 20%에 달한다. 물론 고용시장에서의 남녀 차별은 여전히 존재한다. 하지만 불공정한 사회 구조와는 관련이 없는 생물학적 특성도 이 통계를 만들어냈다는 사실을 부정할 수는 없다.

이를 다른 측면에서 보자. 남성의 지배 시스템이 가져다주는 혜택에는 그만한 대가가 따른다. 더 높은 소득과 지위를 향한 경쟁은 남성들을 더 높은 위험과 스트레스로 내몬다. 소위 3D 업종의 95%가 남성에 의해 수행되며, 이런 몸을 혹사시키는 고된 일들은 필연적으로 수명을 단축시킨다. 실제로 중부 유럽 국가의 여성은 같은 나라의 남성보다 평균 5년을, 러시아의 경우에는 9년을 더 오래 산다.

한쪽은 더 많은 돈과 권력을 얻지만 더 빨리 세상을 떠나고, 다른 한쪽은 그 반대의 길을 걷는다. 어쩌면 자연은 저마다의 방식으로 세상의 균형을 맞추고 있는지도 모른다.

이해가 가져다주는 선물

결혼 40년 차에 이르러서야 비로소 깨닫는 진실이 있다. 남녀의 차이는 우열의 문제가 아니라, 그저 '다름'의 문제라는 사실이다. 망원렌즈와 광각렌즈가 각기 다른 쓸모를 지녔듯, 테스토스테론과 에스트로겐이 빚어내는 상이한 사고방식 역시 고유한 가치를 지닌다.

체르노빌 방사능 구름 사건으로 돌아가 보자. 만약 그때 내가 아내의 '균형/조화 시스템'이 보내는 경고 신호에 귀를 기울였다면 어땠을까? 아내가 내 '지배/자극 시스템'의 목소리를 존중해주었다면? 우리는 서로를 원망하며 에너지를 쏟는 대신, 두 시스템의 장점을 아울러 훨씬 현명한 결정을 내렸을 것이다.

갈등의 뿌리에는 언제나 오해가 있다. 상대방이 고의로 나를 괴롭히는 것이 아니라, 그저 나와 다른 운영체제로 작동할 뿐임을 깨닫는 순간, 관계의 모든 풍경이 달라진다.

지금 당신이 연인이나 배우자와 크게 다퉜던 순간을 떠올려보자. 그때 나와 상대방의 어떤 라이프코드가 부딪혔을까? 무엇이 서로를 오해하게 만들었는지 곰곰이 되짚어보자.

이해는 관계에 놀라운 선물을 안겨준다. 갈등은 줄고 신뢰는 깊어진다. 그리고 무엇보다, 서로의 다름을 더 이상 결점이 아닌 보완점으로 바라보게 된다.

LIFECODE NOTE 9

1. 남성과 여성은 평균적으로 다른 라이프코드를 가지고 있다. 이 차이는 호르몬, 뇌, 진화 과정에 뿌리를 두고 있으며 행동과 감정에 영향을 준다.
2. 남성은 대체로 지배 시스템, 여성은 균형/조화 시스템이 강한 경향을 보인다.
3. 갈등의 핵심은 몰라서 생기는 오해다. 이해하면 갈등은 줄고, 관계는 깊어진다.

10장

시간은 결국 모든 것을 바꾼다

"요즘 젊은 것들은…."

이 말이 수천 년간 반복되어온 이유는 무엇일까? 이집트의 파피루스부터 현대의 SNS까지, 매 세대는 다음 세대를 이해할 수 없다며 혀를 찬다. 그리스 신화 속 이카루스의 이야기는 이러한 세대 갈등의 원형을 보여준다.

그리스 신화 속 이카루스는 아버지 다이달로스와 함께 밀랍과 깃털로 만든 날개를 달고 하늘을 날았다. 아버지는 "너무 높이 날지 마라, 태양 때문에 밀랍이 녹는다"고 경고했지만, 이카루스는 그 말을 무시하고 태양을 향해 너무 높이 날아올랐다가 날개가 녹아 바다에 추락하고 만다. 이 비극은 단순히 '부모님 말씀을 잘 들어야 한다'는 교훈을 넘어, 시간의 흐름에 따라 변하는 인간의 감정과 세대 간 영원한 갈등에 대해 생각할 거리를 던져준다. 왜 젊은 이카루스는 그토록 무모했을까? 그리고 아버지는 왜 아들의 무모함을 이해하지 못했을까?

4가지 감정 시스템의 연령별 변화

그 답은 우리 뇌 속에서 벌어지는 화학적 변화에 있다. 앞서 우리의 라이프코드는 뇌 속 신경전달물질들의 정교한 상호작용으로 형성된다는 사실을 살펴보았다. 나이가 들면서 뇌라는 화학 공장에서 생산되는 이 물질들의 종류와 양은 극적으로 변한다.

- **지배 시스템:** 테스토스테론 (모노아미노옥시다제 억제제MAO, 도파민)
- **균형 시스템:** 코르티솔 (가바GABA, 세로토닌)
- **자극 시스템:** 도파민
- **조화 시스템:** 에스트로겐 (옥시토신, 바소프레신)

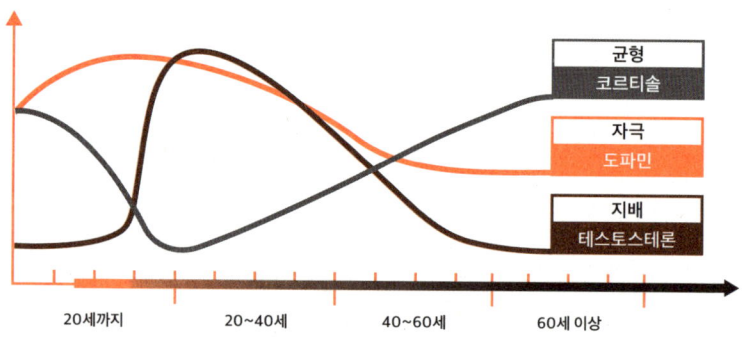

위의 그래프에서 볼 수 있듯, 지배와 자극을 이끄는 테스토스테론과 도파민은 20대에 정점을 찍고 점차 감소한다. 이는 어린이

와 청소년이 새로운 것에 호기심이 왕성하고 뭐든 직접 해보려고 덤벼드는 반면, 나이가 들수록 새로운 것에 대한 관심이나 도전 의식이 줄어드는 이유 중 하나다.

반면 안정을 추구하는 균형 시스템은 다른 양상을 보인다. 스트레스 호르몬인 코르티솔은 노화로 인해 체내에 더 오래 머물게 되어 수치가 높아진다. 동시에 불안을 줄여주는 신경전달물질 가바GABA의 분비량은 감소한다. 스트레스를 유발하는 물질은 늘고 마음을 진정시키는 물질은 줄어드니, 나이가 들수록 스트레스에 더 취약해지는 것은 어찌 보면 당연한 결과다.

마지막으로 조화 시스템은 복잡한 양상을 보인다. 이는 하나의 지배적인 화학물질이 아닌, 에스트로겐, 옥시토신 등 여러 물질이 복합적으로 작용하기 때문이다. 특히 여성의 경우, 사춘기와 임신 기간에 에스트로겐 분비량이 급증하며 감수성이 예민해지고 타인과의 정서적 교감 욕구가 강해진다. 이처럼 우리 뇌 속 화학물질의 지도가 바뀌면서 인생의 계절 또한 새로운 국면을 맞이하게 된다.

시간과 함께 변하는 우리 마음

어린 시절, 우리 마음은 불안(균형 시스템)과 호기심(자극 시스템), 그리고 타인과의 유대감(조화 시스템)이 공존하는 시기다. 그러다 사춘기에 접어들면 성호르몬이 뇌를 지배하며 극적인 변화가 시작된다. 자극과 지배 시스템이 폭발적으로 강화되는 반면, 충동을 조절하는 균형 시스템은 상대적으로 약해진다. 성인이 되면 이 두 시스템은 절정에 달한다. 인생에서 에너지와 자신감이 가장 넘쳐흐르는 시기, 세상을 향해 거침없이 나아가는 때가 바로 이때다.

하지만 30대가 지나면서 모든 것이 서서히 바뀐다. 지배와 자극 시스템이 약해지고, 균형 시스템이 다시 강해진다. 해가 갈수록 새로운 모험에 대한 열망은 옅어지고, 안전에 대한 욕구가 그 자리를 대신한다. 젊은 날의 폭풍 같은 에너지는 잦아들지만, 고요하고 평온한 안정의 상태로 서서히 접어들게 된다.

하지만 감정 시스템의 변화만으로는 삶의 감정적 변화를 온전히 이해하기 어렵다. 특히 변화무쌍한 어린 시절과 청소년기에는 이성적 사고와 자기 통제를 담당하는 대뇌, 그중에서도 특히 전두엽의 역할과 발달 과정을 반드시 고려해야 한다.

어린이와 청소년의 뇌: 아직 공사 중인 통제실

5세 아이는 왜 장난감을 사달라고 바닥에 드러눕고, 12세 아이는 다칠 줄 알면서도 높은 나무에 오르며, 17세 청소년은 위험을 알면서도 과속의 스릴을 즐길까? 그 이유는 단순하다. 뇌 속 통제실이 아직 공사 중이기 때문이다.

우리 뇌의 이마 뒤편에는 감정을 조절하고 충동을 억제하며 행동을 결과를 예측하는 이성적인 사령탑, 바로 전두엽이 있다. 놀랍게도 이 중요한 통제실이 완전히 제 기능을 하려면 무려 20년이 넘는 세월이 필요하다. 반면 감정을 만드는 공장은 아주 일찍부터 가동된다. 특히 성격의 기틀이 잡히는 생후 5년간 아이의 뇌는 세상을 스펀지처럼 빨아들인다. 이때 겪는 모든 경험, 특히 감정적 경험은 젖은 시멘트 위의 발자국처럼 뇌에 평생 남는 흔적을 새긴다.

바로 이 시기에 아이들의 라이프코드 시스템이 차례로 깨어난다. 생존을 위해 부모의 보호와 사랑을 갈구하는 균형 시스템(안전)과 조화 시스템(관계)이 가장 먼저 발달한다. 다른 사람을 보살피는 돌봄 본능도 이 시기에 자라나서 아끼는 인형을 품에 꼭 안고 다니거나 무생물인 장난감에게 밥을 먹이고 이불을 덮어주는 등의 사랑스러운 놀이 활동을 한다. 곧이어 세상을 탐험하려는 자극 시스템(호기심)이 폭발적으로 성장한다. 마지막으로 "내가 할 거야!"라며 고집을 부리는, 지배 시스템(자기주장)의 첫 신호가 나타난다.

여기에 사춘기가 되면 성호르몬이 기름을 붓는다. 남자아이들의 뇌에서는 도파민에 테스토스테론이 더해져 모험심과 충동성이 폭발하고, 여자아이들은 에스트로겐의 영향으로 감수성과 관계에 대한 민감성이 커진다. 한마디로 청소년기는 감정의 엔진이 슈퍼카급인데, 이를 통제할 이성의 브레이크가 자전거 수준인 시기다. 위험한 행동, 예측 불가능한 감정 기복, 세상에 대한 반항은 바로 이 불균형이 낳은 당연한 결과다.

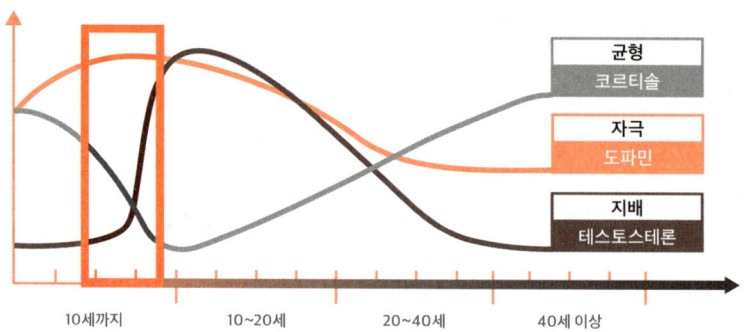

20대: 세상을 바꾸려는 나이

사춘기의 질풍노도가 휩쓸고 간 자리에 끝없는 에너지와 대담함이 남는다. 이 에너지는 20대 초반에 절정에 달한다. 위험을 감수하려는 성향은 최고조에 이르고, 안정을 추구하는 욕구는 바닥을 친다. 이때 뇌에서는 결정적인 변화가 일어난다. 마침내 이성의 통제실인 전두엽이 완성되면서, 방향 없이 날뛰던 에너지가 비로소 목표와 미래를 향해 집중되기 시작하는 것이다.

아이슈타인, 다윈, 바흐, 괴테, 스티브 잡스 같은 천재들의 업

적은 대부분 20~30대에 이루어졌다. 더 나은 삶을 찾아 미지의 대륙으로 떠났던 개척자들 역시 대부분 젊은이들이었다.

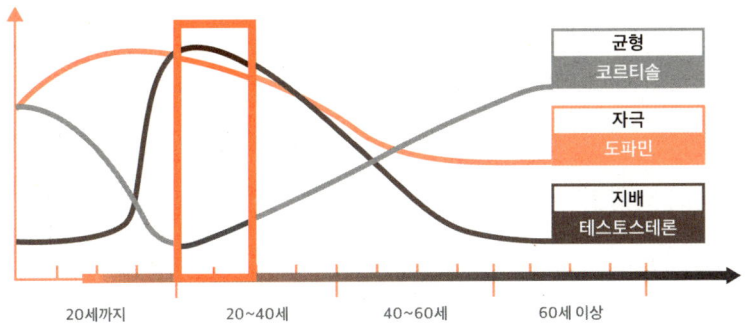

하지만 이 강력한 에너지는 때로 통제를 벗어나 사회에 위협이 되기도 한다. 통계적으로 폭력 범죄나 전쟁과 같은 파괴적인 행위의 대부분이 바로 이 시기의 젊은 남성들에 의해 저질러진다는 사실은, 불편하지만 외면할 수 없는 진실이다. 뇌 속에서 과도하게 분출되는 테스토스테론으로 인해 활성화된 지배 시스템의 폭주는 종종 타인의 고통에 대한 공감 능력이나 연민의 감정을 마비시키며 극단적인 폭력과 범죄로 이어진다.

"범죄에는 성별과 나이가 없다"고 말하지만, 통계는 다른 이야기를 한다. 예를 들어, 현재 독일 교도소 수감자의 약 95%는 남성이다. 더욱 충격적인 사실은 형기가 모두 끝난 후에도 사회 안전을 위해 격리되어야 하는 보호 관찰 대상자 중 99.8%가 20~30대 젊은 남성이라는 점이다. 여성은 0.2%에 불과하다.

물론 범죄 유형에 따라 차이는 있다. 살인, 강도, 폭행 같은 강력 범죄에서 남성 비율은 90%를 넘어서지만, 절도나 사기 같은 비폭력 범죄에서는 여성 비율이 약 40%까지 높아진다. 하지만 이러한 성별 차이는 독일뿐 아니라 거의 모든 나라에서 나타나는 보편적 현상이며, 특히 폭력 범죄 가해자의 대다수가 18~30세 젊은 남성이라는 점은 수십 년간 변하지 않았다.

젊은 남성의 높은 위험 감수 성향과 충동적인 공격성은 안타깝게도 역사적으로 수많은 전쟁, 내전, 집단 학살과 같은 비극에서 너무나도 쉽게 악용되어 왔다. 한 사회가 폭력적으로 변하는 데는 3가지 주요 요인이 있다.

- **빈곤과 극심한 사회 불평등**
- **특정 집단을 향한 증오를 부추기는 이념**
- **사회 전체에서 젊은 남성이 차지하는 높은 비율**

독일의 집단 학살 연구자 군나 하인존 Gunnar Heinsohn은 70개국의 인구 구조와 분쟁 가능성을 비교 분석했다. 그의 연구에 따르면, 한 사회에서 15세에서 30세 사이의 남성이 전체 인구의 30%를 넘어서면, 사소한 정치적 혹은 경제적 계기만으로도 내전이나 전쟁 위험이 급증한다. 최근 몇 년간 극심한 분쟁을 겪고 있는 이라크,

아프가니스탄, 시리아는 모두 이 기준을 충족하거나 초과했다. 참고로 독일은 1차 세계대전(1914년)과 2차 세계대전(1939년) 발발 당시 이 임계 수치 30%에 매우 근접해 있었다. 다행히 현재 독일과 유럽연합의 젊은 남성 비율은 약 17% 정도로 비교적 안전한 수준이며, 이 비율은 계속 낮아지는 추세다.

인생의 황금기: 30세부터 65세

30세를 기점으로 뇌는 서서히 안정기에 접어든다. 지배와 자극 시스템의 힘은 점차 약해지고, 균형과 조화 시스템의 영향력이 커진다. 특히 결혼이나 출산 같은 경험은 '나' 중심의 삶에서 '우리' 중심의 삶으로 우선순위를 바꾸며 라이프코드를 더욱 안정적인 방향으로 이끈다. 외부적으로는 가장 역동적인 시기이지만, 내면은 서서히 고요하고 평온한 상태로 나아가는 것이다.

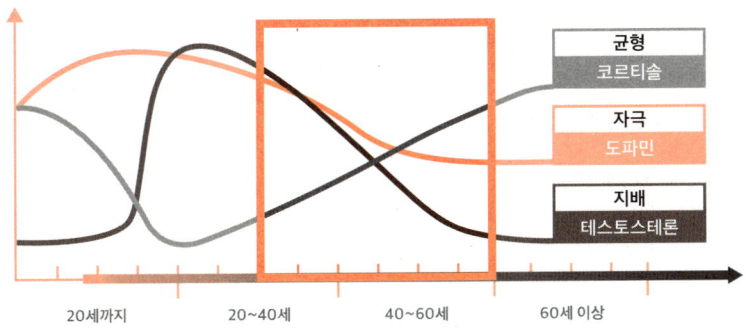

65세 이후: 지배와 자극의 은퇴 시기

노년기에 접어들면 마음의 정권 교체가 일어난다. 균형 시스템이 뇌의 주도권을 쥐면서 새로운 변화보다는 안전과 안정을, 낯선 도전보다는 익숙한 습관을 더 소중히 여기게 된다.

물론 노화로 인해 뇌세포가 줄고 정신 능력이 예전 같지 않다는 슬픈 현실도 마주해야 한다. 어느 날 문득 계단을 오르다 숨이 차고, 무릎이 시큰거려 엘리베이터를 찾게 되며, 안경 없이는 스마트폰 글씨를 읽을 수 없는 순간, 우리는 서서히 늙어가고 있음을 받아들여야 한다. 70세가 되어도 마음은 여전히 60세처럼 젊게 느껴질지 모르지만, 같은 일을 하기 위해서는 젊었을 때보다 훨씬 더 많은 노력과 시간이 필요하다.

이때 우리 뇌에는 과연 무슨 일이 벌어지고 있는 걸까? fMRI로 그 과정을 들여다보면 그 차이가 명확히 보인다. 젊은 피험자들의 경우, 어려운 과제를 수행할 때 주로 전두엽을 포함한 특정 뇌 영역 몇 군데만 효율적으로 활성화된다. 그들은 비교적 적은 시간과 에너지 소비로 문제를 빠르고 효과적으로 해결해낸다. 하지만 나이 든 피험자들의 경우, 똑같이 복잡한 과제를 수행할 때 젊은이들이 사용하지 않는 다른 여러 뇌 영역들까지 함께 동원하여 도움을 받으려는 모습을 보인다. 이것은 문제를 해결하는 데 시간이 오래 걸릴 뿐만 아니라 정신적인 피로도 또한 훨씬 더 많이 소모된다는 것을 의미한다. 그 주된 이유는, 안타깝게도 노화 과정에서 우리 뇌의 수많은 신경 세포가 자연스럽게 사멸하기 때문이다. 중요한 사고의 연료 역할을 하는 신경전달물질인 아세틸콜린ACh의 분비량도 눈에 띄게 감소한다. 특히 유동성 지능이 주로 자리 잡고 있다고 알려진 뇌의 사령탑, 전두엽이 이러한 노화의 영향을 가장 크게 받는다. 따라서 평균적으로 25세와 비교했을 때, 70세 노인은 정신 능력의 약 15~20% 정도를 자연스럽게 상실하게 된다.

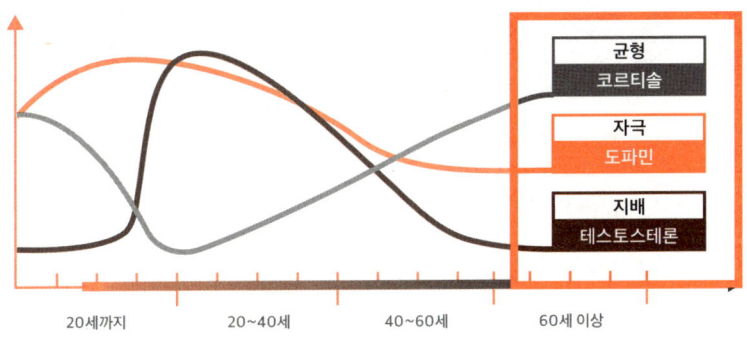

균형 시스템과 밀접한 스트레스 시스템도 주목할 만하다. 나이가 들수록 일상에서 스트레스를 유발하는 상황, 예를 들어 일상의 흐름이 방해받거나 새로운 부정적 사건이 발생할 때 더 민감해진다. 이때 스트레스 시스템은 빠르게 활성화되며 스트레스 호르몬인 코르티솔은 느리게 분해되어 뇌에 오래 남는다. 그런데 한 가지 흥미로운 점은, 이처럼 일상적인 스트레스에는 민감한 반면 기후 위기, 경제대공황, 핵전쟁 같은 추상적이고 거시적인 위협에는 젊은 세대보다 덜 반응한다. 대부분의 노인은 이러한 위협이 일상에 직접적인 피해를 줄 때에야 비로소 실질적인 걱정을 느낀다.

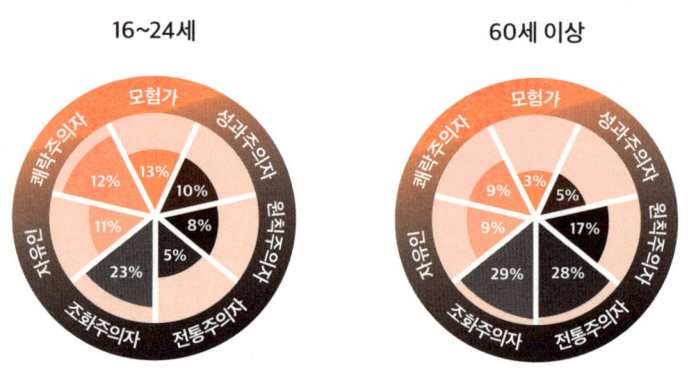

감정 유형의 분포도 크게 달라진다. 젊은이들의 35%가 쾌락주의자, 모험가, 성과주의자 같은 활동적인 유형인 반면, 노년층에서는 이 비율이 17%로 줄어든다. 대신 전통주의자와 원칙주의자 유형이 젊은층 13%에서 노년층 45%로 크게 늘어난다.

하지만 노년은 쇠퇴만을 의미하지 않는다. 가장 큰 선물은 바로 '지혜'다. 오랜 경험을 통해 축적된 통찰력은 어떤 이론으로도 배울 수 없는, 시간만이 주는 특권이다. 평생 흙을 만져온 옹기장이가 흙 한 줌으로 그 품질을 알아차리고, 거친 바다를 항해한 어부가 구름의 모양이나 바람의 방향만 보고 날씨를 예측하며, 수십 년 악기를 다듬은 장인이 나무 조각 하나만 두드려봐도 그것이 좋은 소리를 내는 최상의 목재인지 아닌지를 판단해낸다. 이들의 직관은 수많은 시행착오와 경험이 녹아든 지혜의 결실이다. 이는 어떤 책이나 이론으로도 배울 수 없는, 오직 시간만이 주는 노년의 특권이다.

여러 연구에 따르면, 평균적인 삶의 만족도는 인생의 황금기라 불리는 20~50세 사이의 사람들보다 60~75세 노년층에서 오히려 더 높게 나타나기도 한다. 연금과 퇴직금이 이전 소득보다 적을 수 있지만, 대부분에게 이는 큰 문제가 되지 않는다. 나이가 들수록 소비 욕구도 자연스럽게 줄어들기 때문이다. 미국 배우 월터 매소는 이를 이렇게 표현했다.

"나이 듦의 좋은 점은 예전에 갖고 싶었던 것들이 이제 필요 없게 되는 것이다."

우리가 젊은 시절 많은 돈을 쓰는 이유 중 하나는 주변 사람들에게 잘 보이고 사회적 지위를 과시하기 위해서다. 이는 인정받고 싶어 하는 지배 시스템과 독특한 개성을 드러내고 싶어 하는 자극 시스템이 작용한 결과다. 그러나 이런 감정 시스템들은 나이가 들면서 영향력이 약해지기 때문에 과시적이거나 유행에 민감한 소비에 큰 관심을 두지 않게 된다. 게다가 나이가 들수록 필요한 물건은 이미 충분히 갖춘 경우가 많아 새로운 소비 욕구 자체가 줄어든다. 과시나 경쟁의 욕구가 줄어들고 삶을 더 깊이 있게 관조할 여유가 생긴다.

행복한 노년을 위한 7가지 비밀

나이가 들어도 신체적으로 건강하고 젊음을 유지하는 데 도움이 되는 거의 모든 규칙들이 우리의 정신 건강과 뇌 기능 유지에도 똑같이, 아니 어쩌면 그 이상으로 긍정적인 영향을 미친다. 그리고 우리가 우리 몸의 노화 시계를 조금이라도 늦출 수 있는 것처럼, 우리 정신의 노화 시계 또한 노력하기에 따라 그 속도를 얼마든지 늦출 수 있다.

첫째, 일단, 몸을 움직여라!

운동이 심혈관과 근육에 좋다는 건 이제 누구나 안다. 하지만 뇌 건강에도 놀라운 영향을 미친다는 사실을 알고 있는가? 운동은 뇌로 가는 혈액 순환을 개선하고 산소 공급을 원활히 한다. 혈압을 낮추고 뇌 혈관을 젊고 탄력 있게 유지해 뇌졸중 같은 치명적인 질병의 위험을 줄인다. 더 놀라운 건, 운동이 뇌에 새로운 모세혈관과 심지어 새로운 신경 세포(뉴런)를 만든다는 점이다.

둘째, 머리 쓰는 일에 게을러지지 마라!

은퇴 후 갑작스럽게 정신적 도전 과제가 사라지면 뇌 역시 '조기 퇴직' 상태에 빠질 수 있다. 소파에 파묻혀 TV 리모컨과 한 몸이 되어 지내는 시간이 길어질수록 뇌 기능은 서서히 멈춰간다.

이럴 때 가장 좋은 처방은 즐겁게 할 수 있는 파트타임 일자리를 찾아보는 것이다. 한 연구 결과가 이를 명확히 보여준다. 연구진은 두 그룹의 참여자들을 대상으로 은퇴 의사를 비교했다. 한 그룹은 병원을 정리하고 완전히 은퇴했으며, 다른 그룹은 병원을 판 뒤에도 주 1~2회 파트타임으로 환자를 돌봤다. 그 효과는 엄청났다. 75세에도 파트타임으로 일한 의사들은 완전히 은퇴한 동년배 의사들보다 인지 능력이 평균 20%나 더 높게 유지되었다. 사소한 일이라도 꾸준히 뇌를 사용하는 것이 얼마나 중요한지 보여주는 결과다.

셋째, 새로운 사람과 어울리고, 관계를 만들어라!
나이가 들수록 새로운 사람을 만날 기회는 급격히 줄어든다. 노력하지 않으면 그 기회는 0에 수렴할지도 모른다. 하지만 다른 사람과의 대화는 뇌를 깨우는 효과적인 훈련이다. 특히 새로운 사람과의 만남은 뇌를 강력하게 활성화시킨다. 새로운 상대를 만나면 뇌는 그의 표정을 읽고, 대화의 맥락을 파악하며, 적절한 반응을 찾기 위해 여러 영역을 동시에 사용해야 한다.

넷째, 가슴 뛰는 '미래 프로젝트'를 만들고 도전하라!
인간은 미래를 그리며 살아간다. 하지만 나이가 들수록 미래보다는 과거를 회상하며 살아간다. 그렇기에 쉽게 우울감이 찾아온다. 사랑하는 이를 먼저 떠나보낸 상실감이나 예기치 않은 질병은 삶의 동력을 앗아가기도 한다.

이럴 때 필요한 처방이 바로 '미래 프로젝트'다. 거창할 필요는 없다. 평생 배우고 싶었던 악기나 새로운 외국어, 마라톤 완주나 꾸준한 등산 같은 목표면 충분하다. 중요한 것은 그 목표가 최소 1년 이상 지속적인 노력을 요구하는 중장기적인 과제여야 한다는 점이다. 이런 미래 지향적인 목표는 매일 아침 눈을 뜨게 하는 이유가 되고, 뇌를 계속 활발히 작동하게 한다.

다섯째, 건강한 생활 습관은 기본 중의 기본!

규칙적인 운동은 물론, 균형 잡힌 식단과 금연은 건강한 노년을 위한 가장 기본적인 약속이다. 우리가 흔히 문명병이라 부르는 고혈압, 당뇨, 심혈관 질환 등은 결코 뇌 앞에서만은 멈춰 서지 않는다. 오히려 이 질병들은 뇌의 기능을 직접적으로 공격해 뇌세포를 파괴하고, 치매와 같은 신경 퇴행성 질환의 발병 위험을 극적으로 높인다는 사실을 반드시 기억해야 한다. 몸의 건강이 곧 뇌의 건강이다.

여섯째, 당신 안의 그 지긋지긋한 '게으름뱅이'를 극복하라!

나이가 들면 우리 몸은 본능적으로 편안함을 추구하며 움직임을 최소화한다. 체질량 지수BMI가 나이와 함께 꾸준히 상승하는 그래프는 거짓말을 하지 않는다. 간단히 말해 가만히 있으면 우리는 뚱뚱해진다. 균형 시스템이 달콤한 유혹에만 귀 기울인다면, 우리는 소파와 한 몸이 된 채 무기력한 노년을 맞이하게 될 것이다. 하지만 이는 선택의 문제다. 나이가 들어도 의식적으로 자극 시스템을 깨워야 한다. 새로운 도전을 찾고, 몸을 움직이고, 변화를 추구하는 것이다.

일곱째, 가급적 어린 나이에, 지금 당장 운동을 시작하라!
운동은 하루라도 젊을 때 시작해야 한다. 늦어도 30~40대에는 규칙적인 운동을 삶의 일부로 만들어야 한다. 나이가 들수록 굳어버린 생활 패턴을 바꾸고 새로운 습관을 들이기는 훨씬 더 어려워진다. 연구에 따르면, 40세 이전에 운동을 시작한 사람은 60세 이후에 시작한 사람보다 뇌 건강과 신체 활력 효과가 훨씬 더 크고 오래 지속된다.

성공적인 노화를 위한 7가지 팁

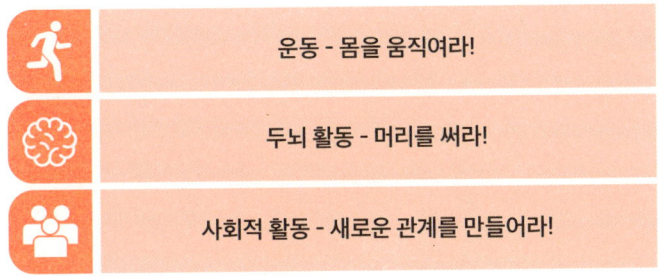

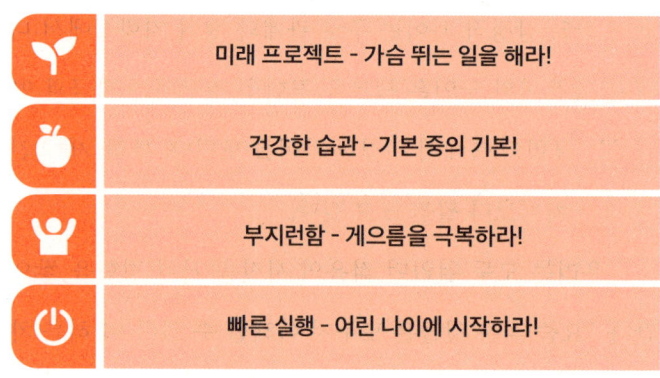

매일 밤 잠들기 전, 오늘 나의 몸을 위해 얼마나 움직였는지 잠시 돌아보는 건 어떨까? 게으름을 이기는 것은 결코 쉽지 않지만, 그 가치는 충분하다. 꾸준히 운동하는 사람은 다음과 같은 혜택을 누릴 수 있다.

- 치매 같은 퇴행성 뇌 질환 위험이 20~30% 감소한다.
- 암 발병 위험이 적게는 20%, 많게는 50% 줄어든다.
- 고혈압, 심장병 같은 심혈관 질환 가능성이 절반 가까이 줄어든다.
- 질병 없는 건강 수명이 평균 6년 이상 늘어나고, 만성 통증은 줄어들며, 삶의 만족도는 비약적으로 높아진다.

우리는 모두 어렸고, 모두 늙는다

남녀 간의 감정적 차이는 주로 관계와 성취 지향성에서 나타난다. 한편, 젊은이와 노인은 새로운 경험을 추구하는 자극과 안정을 중시하는 균형의 축에서 뚜렷한 차이를 보인다. 특히, 세대 간 차이는 남녀 간 차이보다 훨씬 크고 깊다.

우리는 모두 철없던 젊음의 시절을 거쳐 경험을 쌓으며 늙어간다. "요즘 젊은 것들은 도무지 이해할 수 없다"며 혀를 차는 노인은 자신도 한때 그런 젊은이였음을 쉽게 잊는다. 마찬가지로, "부모님은 왜 저렇게 고리타분할까?"라고 투덜대는 젊은이도, 언젠가 자신이 그 입장이 될 것임을 깨닫지 못한다.

세대 간 소통은 서로의 삶의 단계와 그에 따른 고유한 감정적 성향을 인정하는 데서 시작된다. 뜨거운 모험과 고요한 평화, 치열한 도전과 조용한 수용은 어느 한쪽이 우월한 것이 아니다. 그것들은 인생의 각 시기에 소중한 의미를 지닌다.

LIFECODE NOTE 10

1. 나이에 따라 뇌 속 신경전달물질이 바뀌고, 라이프코드 역시 변한다.
2. 젊음의 열정, 중년의 책임감, 노년의 지혜는 모두 자연스러운 인생의 한 과정이다.
3. 세대별 다름을 존중하는 것이야말로 나이라는 숫자에 구애받지 않고 살아가는 방법이다.

11장

단 5분 만에 심리를 꿰뚫는 프로파일링 기술

라이프코드 강연이 끝나면 어김없이 나오는 질문이 있다.

"어떻게 하면 한눈에 그 사람이 조화주의자인지, 전통주의자인지 알 수 있나요?"

이 질문에는 간절한 기대가 담겨 있다. 마치 성격 유형이 이마에 쓰여 있기라도 한 것처럼 그 비밀 표시만 찾아내면 인간관계의 모든 난관에서 벗어날 수 있으리라는 희망 말이다.

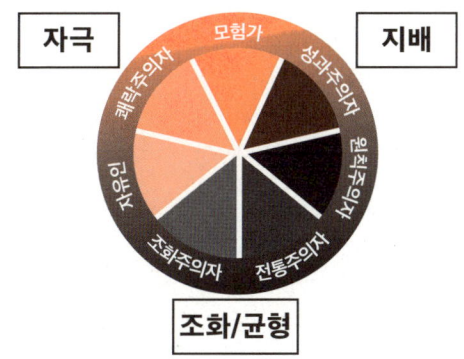

하지만 안타깝게도 그런 편리한 방법은 없다. 라이프코드 자체가 복잡한 인간 내면을 이해하기 쉽게 상당 부분 단순화한 모델이기 때문이다. 물론 7가지 감정 차원으로 성격을 분석하는 유용한 도구이지만, 그것은 상대를 이해하기 위한 최소한의 밑그림일 뿐이다. 인간은 단 하나의 유형으로 규정할 수 없는, 훨씬 더 복잡한 존재다.

구체적인 예를 들어보자. 펠릭스와 소피라는 두 사람이 있다. 두 사람의 라이프코드 유형은 새로운 자극과 즐거움을 좇는 쾌락주의자로 동일하다. 호기심 넘치는 에너지로 가득 찬 사람들이다. 하지만 두 사람이 그려내는 삶의 풍경은 극과 극이다.

스물다섯 살의 펠릭스에게 쾌락은 날것의 자유다. 그는 주말이면 파도에 몸을 맡기고, 모닥불 앞에서 친구들과 밤이 새도록 웃고 떠든다. 그의 쾌락주의는 모험과 자유, 순간의 짜릿함에 뿌리를 두고 있다. 반면 서른일곱 살의 소피에게 쾌락은 지적인 탐닉에 가깝다. 디자인 회사를 이끄는 그녀는 세계 곳곳을 여행하며 최신 문화 트렌드를 탐닉한다. 그녀의 호기심은 세련되고 섬세하게 빛난다.

같은 쾌락주의자의 삶이 이토록 다른 이유는 무엇일까? 펠릭스는 위험을 두려워하지 않는 모험 본능과 자신의 존재감을 드러내려는 지배 성향이 강한 반면, 소피는 새로운 것을 수용하는 개방성이 두드러진다. 여기에 결정적인 변수가 더해진다. 펠릭스는 평범한 노동자 집안의 기술자이고, 소피는 유복한 가정에서 자라며 명문 학교를 졸업한 엘리트다. 같은 유형이라 해도 세상과 관계 맺는 방식이 완전히 다른 이유다. 게다가 소피는 여성이고, 펠릭스는 남성이다. 우리가 9장에서 이야기했던, 성별에 따른 라이프코드의 근본적인 차이와 그 영향력은 결코 무시할 수 없다. 성별, 나이, 배경, 경험이 그들의 코드를 다르게 그려낸다.

따라서 누군가를 제대로 이해하려면 명확한 기준이 필요하다. 대략적인 첫인상이나 기본 성향을 파악하고 싶다면, 7가지 감정 유형 중 하나로 접근하는 것만으로도 충분할 수 있다. 하지만 채용이나 결혼처럼 중요한 결정이라면 이야기가 다르다. 대표 유형에만 의존하는 것은 위험하다. 그 사람의 라이프코드를 구성하는 7가지 세부 차원을 종합적으로 분석해야 한다. 나아가 나이, 성별, 경험, 가정환경, 사회경제적 위치 등 그 사람을 둘러싼 모든 맥락을 통합적으로 살펴야 비로소 그 사람의 진짜 모습을 마주할 수 있다.

그럼에도 빠르게 인간을 분석하고 싶다면?

일상에서 우리는 종종 짧은 시간 안에 상대방의 성향을 가늠해야 하는 순간을 마주한다. 처음 만난 사람의 복잡한 내면을 일일이 분석하고 있을 시간이 어디 있겠는가? 이때 필요한 것이 바로 단순하고 직관적인 접근법이다. 이를 위해 앞서 다룬 7가지 라이프코드 유형을 실생활에서 쉽게 활용할 수 있도록 4가지 핵심 유형으로 압축해봤다.

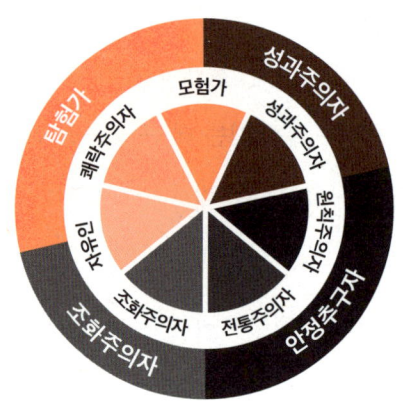

앞서 살펴본 7가지 세부 라이프코드 유형(쾌락주의자, 모험가, 성과주의자, 원칙주의자, 전통주의자, 조화주의자, 자유인)은 대부분 이 4가지 기본 카테고리에 속한다.

첫째, 안정추구자다. 전통주의자와 원칙주의자가 여기에 속하며, 변화보다 예측 가능한 질서와 안정을 선호한다. 그리고 균형 시스템의 영향을 크게 받는다.

둘째, 조화주의자다. 본래의 조화주의자와 더불어, 타인과의 관계를 중시하는 일부 자유인이 포함된다.

셋째, 탐험가다. 새로운 자극과 즐거움을 적극적으로 찾아 나서는 쾌락주의자와 위험을 두려워하지 않는 모험가 일부가 이 유형이다.

넷째, 성과주의자다. 목표 지향성이 뚜렷한 성과주의자와 성취욕이 강한 나머지 모험가가 이 카테고리에 속한다.

이 4가지 기본 유형 체계는 직관적이고 간단하다. 이 간단한 틀을 활용해 주변 사람들의 성향을 가볍게 분석해보는 것은 어떨까? 사람을 이해하고 관계를 맺는 데 큰 도움을 받을 것이다.

프로파일러가 범인을 찾아내는 방법

범죄 현장의 단서와 범행 패턴을 분석해 범인의 모습을 그려내는 전문가, 바로 프로파일러다. 이들의 치밀한 작업 방식에서 우리는 사람을 깊이 이해하는 중요한 힌트를 얻을 수 있다.

프로파일러는 확률과 통계를 바탕으로 흩어진 퍼즐 조각을 맞추어 나간다. 예를 들어, 주택 침입 절도 현장에서 발자국이 하나만 발견된다면 범인이 혼자 행동했을 가능성이 높다고 판단한다. 별다른 추가 단서가 없다면 범인을 남성으로 추정하는데, 이는 주택 침입 절도 사건의 95% 이상이 남성이라는 통계에 근거한 것이다.

만약 범인이 거실 창문을 통해 들어왔는데 창틀에 심한 흠집이 남았다면, 이는 곧 아마추어의 소행이라는 단서가 된다. 통계는 여기서 한 걸음 더 나아가, 그가 마약 중독자일 가능성과 연령대가 25~35세 사이일 가능성을 제시한다. 단서가 하나씩 추가될수록 용의자의 윤곽은 점점 더 선명해진다. 이것이 바로 프로파일링의 핵심이다.

이 원리를 사람을 이해하는 데 그대로 적용해보자. 단 하나의 행동이나 말로 누군가를 '이런 사람'이라고 속단하는 것은 가장 큰 오류다. 성격을 단번에 알려주는 표식은 존재하지 않는다. 우리가 할 일은 프로파일러처럼 행동하는 것이다. 상대가 무심코 던지는 말, 사소한 몸짓, 평소의 습관 같은 언어적·비언어적 단서들을 꾸준히 수집하고, 이를 4가지 기본 유형(탐험가, 성과주의자, 안정추구자, 조화주의자)이라는 틀에 비추어 가장 개연성 높은 그림을 완성해 나가는 것. 이것이 바로 사람을 깊이 있게 이해하는 가장 현실적인 방법이다.

이제 당신이 프로파일러가 될 차례다

이제 실전이다. 지금부터 우리는 4명의 가상 인물을 통해 성격 유형을 분석해볼 것이다. 여기서 1가지 아주 유용한 조언을 미리 주자면, 나이와 성별이라는 2가지 중요한 변수를 가장 먼저 염두에 두는 것이 좋다는 점이다.

- **클라우스**

당신 앞에 75세의 남성 클라우스가 앉아 있다. 프로파일링의 첫 단계는 확률과 통계에 기반한 가설 설정이다. 통계적으로 노년층 남성은 변화보다 안정을 선호하는 경향이 있다. 따라서 우리는 첫 번째 가설을 세울 수 있다.

"클라우스는 안정추구자일 것이다."

이제 단서들을 찾아 이 가설을 검증해보자. 먼저 그의 옷차림은 유행과 거리가 멀지만 단정하고 무난하며, 약간 낡은 느낌이다. 이는 안정추구자라는 가설을 뒷받침하는 첫 번째 단서다. 대화 중 그는 매년 여름에 아내와 오스트리아의 한적한 산골 마을에 있는 호텔 '알프스 뷰'에서 휴가를 보낸다고 말한다. 새로운 자극을 좇는 탐험가 유형은 아니라는 점이 분명해진다.

그는 30년간 공공기관 관리자로 일했다. 이 정보 역시 첫 번째 가설에 힘을 실어준다. 그는 치열한 경쟁이나 성취를 추구하는 성과주의자와 거리가 멀다. 이 단서들을 종합하면, 클라우스가 '안정추구자'라는 것에 대해 꽤 높은 확신을 가질 수 있게 된다.

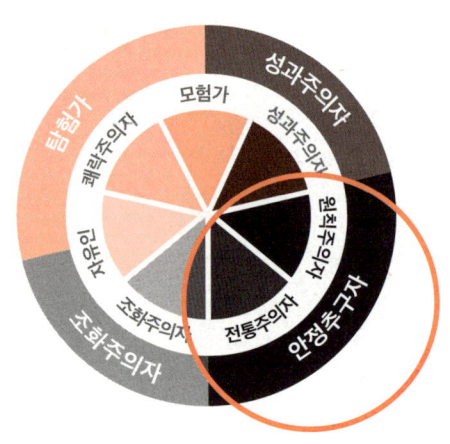

- **소피아**

소피아는 이제 막 40대 초반으로 접어든, 매우 세련되고 도회적인 느낌의 여성이다. 나이와 성별을 고려하면 그녀는 조화주의자나 안정을 추구하는 유형일 가능성이 높다는 가설을 세운다. 하지만 그녀를 직접 만나 몇 마디 대화를 나누는 순간, 이 가설은 빗나간다.

소피아는 감각적인 패션과 개성 넘치는 액세서리로 자신을 표현하며, 크고 시원시원한 웃음소리와 함께, 처음 만난 당신에게도 스스럼없이 다가온다. 여기서 탐험가의 기질이 엿보인다. 그녀는 주말마다 새로운 장소를 찾아다니며 최신 문화 트렌드와 화제의 중심에 있는 레스토랑이나 명소들을 꿰고 있다.

그녀가 관계를 맺는 방식은 더욱 흥미롭다. 오랜 기간 함께한 파트너가 있지만, '각자의 독립적인 공간과 시간은 반드시 필요하다'는 신념 아래 서로의 집을 오가며 따로 살고 있다. 이것은 그녀가 관계에 얽매이기보다는 자기 자신의 자유를 무엇보다 중요하게 생각한다는 강력한 증거다. 현재 소피아는 유명 극장에서 무대 디자이너로 일하며, 매우 만족하고 있다. 결론적으로 우리가 처음에 세웠던 '조화나 안정을 추구하는 유형일 것이다'라는 가설은 폐기해야 한다. 모든 단서는 그녀가 틀에 얽매이지 않고 새로운 경험과 자유를 추구하는 탐험가임을 가리키고 있다.

- **지빌레**

이번에는 당신이 맞춰볼 차례다. 이제 막 60대로 접어든, 다소 통통한 체격의 온화한 인상을 가진 여성이 앉아 있다. 그녀를 지빌레라고 부르자. 60대 여성이라는 정보에서 어떤 초기 가설을 세울 수 있을까? 아마도 조화주의자일 가능성을 가장 먼저 떠올렸을 것이다.

이제 단서들을 살펴보자. 그녀는 화려함보다는 편안함을 추구하며 깔끔하고 소박한 옷차림을 하고 있다. 옷차림에서 당신은 어떤 성향을 읽어낼 수 있는가?

대화를 나누어보니, 그녀는 얼마 전 남편과 결혼 40주년을 맞이했으며, 세 명의 자녀를 훌륭하게 키워냈다고 한다. 가족 이야기를 할 때면 눈이 반짝이고, 얼굴에는 따뜻한 미소가 떠나지 않는다. 휴대폰 배경화면도 가족사진이다. 여가 시간은 지역 주민 합창단 활동과 교회 예배, 오랜 친구들과의 독서모임으로 채워진다. 자녀 교육 방식에 관해 묻자, 그녀는 잠시 생각에 잠기더니 "사랑으로 품되 원칙은 분명히 가르쳤다"고 차분하게 말하며, 자녀들은 모두 각자의 분야에서 바르고 성실하게 가정을 꾸렸다고 덧붙인다.

자, 이 단서들을 종합해보면 지빌레는 어떤 유형일까? 눈치 빠른 독자라면 이미 알아챘겠지만, 지빌레는 앞서 살펴본 클라우스나 소피아처럼 어느 하나의 유형으로 명확하게 구분되지 않는다. 그녀의 삶에서 가족과 공동체는 조화주의자의 핵심 가치를 보여준다. 하지만 동시에 그녀가 고수해온 원칙과 신념은 안정추구자의 단단한 축을 드러낸다. 그녀는 따뜻한 조화주의자이자, 신념을 지키는 원칙주의자인 셈이다. 이처럼 한 사람의 내면에는 여러 유형이 공존할 수 있다. 특히 다양한 역할을 소화하며 긴 세월을 살아온 중장년층에게는 이것이 오히려 자연스러운 모습이다.

'예스'를 이끌어내는 방법

솔직히 말해보자. 우리는 종종 누군가를 내 편으로 만들거나 원하는 방향으로 이끌고 싶은 순간을 마주한다. 거창한 일이 아니더라도, 저녁 메뉴를 정하거나 배우자에게 집안일을 부탁하거나 상사에게 기획안을 내세우는 사소한 상황에서도 말이다. 이때 상대방의 라이프코드 유형, 즉 그의 핵심 감정 코드를 안다면 훨씬 효과적으로 마음을 움직일 수 있다.

예를 하나 들어보자. 당신은 이번 여름 휴가에 사랑하는 파트너와 함께 그림 같은 다뉴브 강을 따라 오스트리아 빈까지 자전거 여행을 떠나고 싶다. 문제는 당신의 파트너가 새로운 도전보다 익숙한 안정감을 선호하는 안정추구자라는 점이다. 어떤 말로 그녀를 이 멋진 자전거 여행에 동참하도록 설득할 수 있을까? 그녀가 위험을 극도로 피하고, 무엇보다 안전과 예측 가능성을 중요하게 생각한다는 사실은 이미 알고 있다. 그렇다면 당신의 설득 전략은 다음과 같아야 할 것이다.

"여보, 이번 여름에 다뉴브 강 자전거 여행 어때? 내가 알아봤는데, 20년 넘게 이 코스만 운영한 가족 기업이 있더라고. 후기를 보니 손님 한 명 한 명의 안전과 편의를 꼼꼼히 챙긴대. 짐은 차로 다음 숙소까지 미리 옮겨주고, 자전거에 문제가 생기면 바로 구조팀이 와서 해결해준대!"

이 접근법은 안정추구자의 불안감을 줄이고 신뢰를 주는 데 효과적이다. 참고로 관계와 정서적 안정을 중시하는 조화주의자도 비슷한 방식으로 설득하면 마음을 연다.

이번에는 경쟁적이고 성취 지향적인 성과주의자 파트너를 설득해보자. 앞선 방식은 전혀 통하지 않을 것이다. 성과주의자는 첨단 기술, 효율성, 그리고 남들보다 앞서는 느낌을 원한다. 설득의 초점은 지배와 성과에 맞춰져야 한다.

"자기야, 이번 여름에 다뉴브 강 자전거 투어 어때? 이 여행사는 라이딩 장비에 엄청 신경을 쓰는 곳이더라고. 자전거는 전부 최첨단 카본 소재라 깃털처럼 가볍고, 2년 이상 된 구형 모델은 단 한 대도 없대. 똑같이 달려도 이걸 타면 하루에 15~20킬로미터는 그냥 더 가는 거지. 당신 체력이면 하루에 100킬로미터 주파도 문제없을걸? 네비게이션도 최신형이고, 참가자 실력도 비슷하게 맞춰줘서 다른 사람 때문에 페이스가 꼬일 일도 없대."

이 전략은 성과주의자의 경쟁심과 성취욕을 자극하며, 그들이 우월함을 느낄 수 있는 요소(첨단 장비, 효율성)를 강조한다.

마지막으로 파트너를 한번 더 바꿔보자. 이번 상대는 새로운 경험과 예측 불가능한 자유를 갈망하는 탐험가다. 이들은 즉흥성과 모험을 사랑한다. 설득의 초점은 자유와 새로움에 맞춰져야 한다.

"자기야, 이번 휴가 때는 다뉴브 강 따라서 자전거 여행이나 가볼까? 정해진 건 아무것도 없어. 우리가 원하는 대로 자유롭게 코스를 짤 수 있대. 가다가 예쁜 마을이나 멋진 풍경이 나오면 즉흥적으로 며칠 더 머물러도 되고, 갑자기 옆길로 새서 숨겨진 맛집을 찾아내도 아무도 뭐라고 할 사람이 없다는 거지!"

이 접근법은 탐험가의 호기심과 자유로운 성향을 자극해 동참을 유도한다.
'미끼는 낚시꾼의 입맛이 아니라 물고기의 것에 맞아야 한다.'
이 오래된 격언에 설득의 본질이 담겨 있다. 우리는 종종 자신이 가장 좋아하는 미끼를 던지며 왜 상대가 이걸 물지 않느냐고 한탄한다. 하지만 설득의 본질은 내 목소리를 높이는 것이 아니라 상대의 언어로 말을 거는 것이다.

조종이라는 비난

사실, 상대방의 입장이 되어 그의 감정 세계에 딱 맞춰 주장하고 설득하는 기술은 모든 종류의 세일즈, 마케팅이나 협상 전략의 핵심이다. 상대의 마음을 움직여 무언가를 받아들이게 하는 것이 목표이기 때문이다. 하지만 이런 이야기를 하면 어김없이 이런 질문이

날아온다.

"그것은 결국 교묘한 조종이 아닙니까?"

솔직히 답하자면, 어떤 의미에서는 맞다. 사실 우리는 모두 다른 사람에게 영향을 미치려고 노력한다. 정치인은 연설문을 참모진과 며칠 밤낮 없이 다듬어 청중을 설득한다. 목사는 천국과 지옥을 생생하게 묘사해 신도들의 마음을 움직인다. 여성은 아침마다 화장으로 자신의 매력을 극대화한다. 남성은 달콤한 칭찬과 꽃다발로 연인의 마음을 사로잡으려 한다. 이런 행동들을 '조종'이라고 부르기엔 거부감이 들지 모르겠다. 하지만 좋든 싫든, 타인에게 영향을 미치려는 이런 시도들은 이미 우리 삶 깊숙이 스며들어 있다. 어쩌면 인간관계의 피할 수 없는 일부인지도 모른다.

하지만 이것이 곧 타인을 마음대로 조종해도 된다는 뜻은 아니다. 그렇다면 허용 가능한 조종의 윤리적인 경계는 어디일까? 철학자 칸트나 하버마스는 상대의 명시적 동의 없이 영향을 미치려는 시도는 엄격하게 부정되어야 한다고 주장했다. 결과가 아무리 좋아도 과정의 투명성과 상대의 자율성이 더 중요하다는 것이다. 반면 고대 그리스의 철학자 플라톤은 조금 더 현실적인 관점을 제시한다. 조종이 선한 목적에 기여하고, 관련자들에게 해를 끼치지 않는다면 어느 정도 허용될 수 있다고 본 것이다.

나는 플라톤의 입장에 더 가깝다. 감정의 작동 원리를 아는 것은 잘 벼린 한 자루의 칼을 갖는 것과 같다. 그 칼로 사람을 해치는 끔찍한 범죄를 저지를 수도 있지만, 사랑하는 이들을 위해 맛있는 음식을 만들 수도 있다. 칼 자체는 선하지도 악하지도 않다. 중요한 것은 칼을 쥔 사람의 의도와 그 칼날이 향하는 목적이다.

예를 들어, 은행 상담원이 투자 위험을 숨기고 상품을 팔아 고객에게 손실을 입혔다면, 그것은 비난받아 마땅한 악의적 조종이다. 반면 관심 없어 하는 아내를 설득해 함께 연극을 본 후, 아내가 기대 이상의 감동을 느끼고 행복해했다면, 그 작은 조종은 선한 결과로 정당화할 수 있다고 생각한다. 결국 중요한 것은 칼을 쥔 사람의 마음, 그리고 그 칼이 겨누는 방향 아니겠는가?

이해와 소통의 기술

책을 여기까지 읽은 당신은 마치 숙련된 프로파일러가 된 듯한 기분을 느낄지 모른다. 주변 사람들의 성격이 선명하게 보이고, "저 사람은 원칙주의자야!" 또는 "내 친구는 완전 모험가야!"라며 유형을 나누고 싶을 것이다. 하지만 바로 이때가 가장 경계해야 할 순간이다. 의욕만 앞선 운동 초보자가 부상을 당하듯, 섣부른 판단은 '저 사람은 원래 그래'라는 편견으로 굳어지기 마련이다. 우리는 인간 심리에 있어서는 초보자일 뿐이다.

라이프코드 분석의 목표는 상대를 유형별로 나누는 정확한 분류가 아니라 깊이 있는 이해다. 사람들의 행동 이면에 숨겨진 복잡한 마음을 들여다보는 노력은 상대를 평가하는 대신 그의 마음에 귀를 기울이게 한다. "이 사람은 왜 저렇게 행동할까?"를 넘어서서 "그렇다면 나는 어떻게 다가가야 할까?" 하는 사고의 전환은 판단을 넘어 공감으로 나아가는 첫걸음이다.

따뜻한 애정과 호기심으로 주변 사람들을 관찰해보자. 유형 분류에 그치지 말고, "이 사람은 이런 상황에서 이렇게 느낄 테니, 이렇게 접근해볼까?"라는 실용적인 태도를 갖는 것이다. 당신이 오늘부터 만나는 모든 사람이 조금 더 선명하게, 조금 더 따뜻하게 보이기를 바란다. 그리고 그 이해가 더 깊은 관계로, 더 풍요로운 삶으로 이어지기를 진심으로 소망한다.

LIFECODE NOTE 11

1. 라이프코드만으로 사람을 완벽히 분석하긴 어렵지만, 첫인상이나 대략적인 성향을 파악하는 데는 매우 유용한 도구다.
2. 라이프코드 7가지 유형을 단순하게 4가지로 줄일 때 탐험가, 성과주의자, 조화주의자, 안정주의자로 나눌 수 있다.
3. 사람을 분석하고 판단하는 것보다 그 사람을 진정으로 이해하는 것이 중요하다.

쉬어가기

독일인은 겁쟁이, 미국인은 모험가?

우리는 종종 흑백논리라는 편리한 안경을 끼고 세상을 본다. "독일인은 근면하고 검소하며, 미국인은 자신감 넘치고 도전적이다." 이런 식의 이야기들 말이다. 그중에서도 독일인들의 불안은 국제 뉴스에서 독일 사람들을 묘사할 때 단골로 등장하는 표현이다. 다른 나라 사람들은 세상을 낙관적으로 보는 듯한데, 유독 독일인만 미래를 걱정하며 조심스러워한다는 것이다. 과연 이것은 그저 재미로 하는 이야기일까, 아니면 근거 있는 분석일까?

라이프코드는 개인의 성격을 넘어, 한 국가나 문화권 구성원들의 보편적인 성향을 이해하는 데도 꽤나 쓸 만한 도구가 된다. 흥미롭게도, 방대한 데이터를 통해 이러한 경향을 어느 정도 확인할 수 있다. 앞서 언급했던 b4p 연구는 독일 소비자들의 미디어 이용 패턴과 소비 행동을 분석한다. 이 연구는 브랜드 선택, 구매 행동, 미디어 소비 등에 관한 데이터를 제공하는데, 이 데이터를 들여다보면 독일 국민의 평균적인 감정적 성향과 소비 행동이 어떤 식으로 분포되어 있는지 정확히 들여다볼 수 있다.

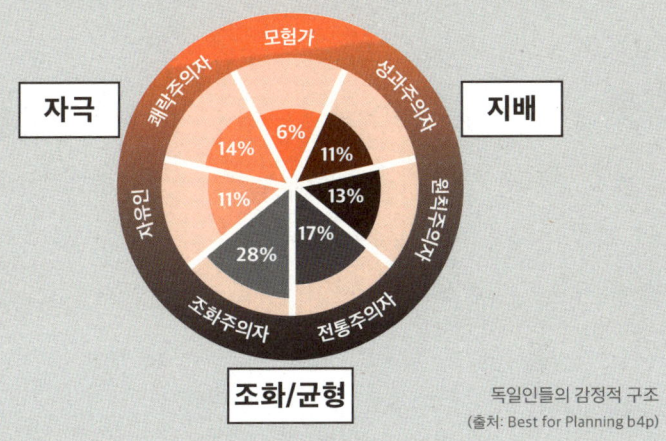

독일인들의 감정적 구조
(출처: Best for Planning b4p)

불안과 걱정을 통해 안전을 추구하는 균형 시스템은 주로 전통주의자, 조화주의자, 원칙주의자 유형에서 두드러지게 나타난다. 독일 인구의 60%가 이 세 유형에 속한다는 사실은, 그들이 평균적으로 변화보다 안정을 선호하는 이유를 명확히 설명해준다. 그렇다면 이 성향은 좋은 걸까, 나쁜 걸까? 앞서 우리가 지겹도록 이야기했듯이, 모든 감정 시스템은 동전의 양면처럼 장단점을 가진다. 독일인의 불안도 예외는 아니다.

독일인의 불안이 가진 장단점

독일 사회의 보수적인 인구 구조와 그 영향을 받아 형성된 문화는 혁신과 진보의 속도를 늦추는 결정적인 요인으로 작용한다. 독일에서 대규모 혁신 프로젝트가 유독 거센 저항에 직면하는 이유다. 5장에서 다룬 슈투트가르트 21 철도 현대화 프로젝트가 대표적이다. 반대 시위에 나선 사람들은 환경 보호나 역사 보존과 같은 그럴듯한 명분을 내세우지만, 그 이면에는 변화에 대한 두려움과 안정을 지키려는 균형과 통제 시스템이 강하게 작동했다. 디지털 전환, 차세대 이동통신망 구축 같은 미래 과제에서도 독일은 다른 주요 산업국에 비해 주춤하는 모습을 보인다.

하지만 이 불안이라는 녀석이 꼭 나쁜 짓만 골라 하는 건 아니다. 독일 경제의 세계적인 경쟁력은 역설적이게도 이 신중함과 조심스러움 위에 세워졌다. 타의 추종을 불허하는 제품 품질, 한 번 한 약속은 반드시 지키는 철저한 신뢰성, 단기 이익보다 장기적이고 안정적인 협력을 중시하는 문화… 이 모든 것이 독일을 대표하는 강점이다 (독일 자동차가 '안전하고 튼튼하며 믿을 수 있다'는 명성을 우연히 얻은 것이 아니다.) 이러한 특성은 위험을 피하고 예측 가능한 질서를 추구하는 균형 시스템과 맡은 일은 완벽하게 해내려는 통제 시스템이 사회 전반에 강하게 작용한 결과다.

비즈니스 세계에서 신뢰만큼 값진 자산은 없다. 신뢰는 계약

서의 깨알 같은 글씨를 확인하는 데 드는 시간과 에너지를 절약해 주고, 불필요한 감시와 검증 비용을 없애준다. 사기나 계약 파기의 위험이 줄어드니 값비싼 보험과 변호사에 대한 의존도 역시 자연스레 낮아진다.

이러한 독일적 특성은 코로나19 위기 대응에서도 빛났다. 개인의 자유보다 공동체의 규율을 중시하는 국민성 덕에 정부 방역 수칙이 비교적 잘 지켜졌고, 정부 정책에 대한 깊은 신뢰를 바탕으로 큰 혼란 없이 위기를 잘 극복했다. 또한 독일 특유의 사회적 시장경제Soziale Marktwirtschaft°와 오랜 전통의 노사 협력 문화 덕분에 단기 근무제와 고용주 지원금 같은 정책을 통해 대규모 실업 사태를 효과적으로 막아냈다.

이런 장단점을 모두 고려해본다면, 독일인들의 신중하고 때로는 불안해 보이기까지 하는 성향은 급변하는 현대 사회에서 오히려 강력한 강점이 될 수 있다. 물론 과감하고 신속한 결정이 필요한 순간도 있겠지만, 국제 무대에서 독일의 불안을 굳이 부끄러워하거나 감출 필요는 없다. 이는 오히려 독일을 빛나게 하는 원동력이다.

○ 제2차 세계대전 후 독일이 채택한 경제 모델. 기본 원칙은 '시장의 자유와 효율'을 존중하는 것이지만, 이로 인해 발생하는 불평등 문제 등을 해결하기 위해 국가가 적극 개입하는 것이 특징이다. 즉, 자유시장경제에 사회적 형평성이라는 가치를 더한 형태로, 강력한 사회보장제도와 노동자 권익 보호 등을 통해 경제 성장과 사회 통합의 균형을 추구한다. '라인강의 기적'을 이끈 독일 경제의 핵심 철학으로 평가받는다.

왜 미국인은 모험가인가?

여러 국가의 평균적인 감정 구조를 비교하면 꽤 재미있는 사실들이 드러난다. 독일의 이웃인 오스트리아나 스위스는 전반적으로 독일과 비슷한 성향 분포를 보인다. 반면, 이탈리아는 원칙주의자 비율이 독일보다 약 5% 낮고, 자유로운 영혼의 자유인과 즐거움을 추구하는 쾌락주의자 비율이 그만큼 높게 나타난다.

하지만 가장 극명한 차이를 보이는 것은 미국이다. 미국인은 모험가, 쾌락주의자, 성과주의자처럼 새로운 위험을 기꺼이 감수하고 야심 찬 목표를 추구하는 유형이 독일보다 15%나 많다. 이토록 뚜렷한 기질의 차이는 과연 어디에서 비롯된 것일까?

첫 번째 이유는 비교적 명확하다. 바로 젊음이다. 미국은 독일을 비롯한 유럽 국가들보다 평균 연령이 낮다. 일반적으로 젊은 세대는 기성세대보다 새로운 자극과 미지의 도전을 적극적으로 추구하는 경향이 강하다. 하지만 이것만으로는 설명이 부족하다.

미국은 이민자들이 세운 나라다. 자, 상상해보자. 모든 것이 익숙하고 편안했던 자신의 고향 땅과 사랑하는 가족, 심지어 모국어까지 뒤로한 채 망망대해를 건너는 행위. 끔찍한 가난과 박해를 피하거나 '아메리칸드림'이라는 막연하지만 가슴 뛰는 기회를 좇아 낯선 땅에 뿌리내리는 것은 보통의 용기로는 불가능한, 온몸으로 불확실성을 끌어안는 대담한 결단이었다. 이런 도전을 감행한 이들은 어떤 라이프코드를 가졌을까? 두려움보다 호기심이 앞섰던 모험가, 새로운 삶의 즐거움을 갈망한 쾌락주의자, 그리고 '하면 된다'는 믿음으로 아메리칸드림을 좇은 성과주의자들이었다.

성격의 약 50%가 유전에 의해 결정된다는 점을 고려하면, 다음과 같은 흥미로운 가설을 세울 수 있다. 대서양을 건너 신대륙에 과감히 발을 디딘 이들의 모험가 기질이 세대를 거쳐 지금까지도 미국인의 DNA에 깊이 각인되었다는 것이다. 독일 심리학자 군터 뷔믈러 Gunther Wühlemer 역시 특정 집단의 유전적 특성이 후대에 지속적으로 영향을 미칠 수 있음을 연구를 통해 보여주었다. 더욱이 이렇게 모험과 도전이라는 유전자를 가진 초기 정착민들은 실패를 두려워하지 않는 불굴의 도전 정신과 개인의 노력과 능력만으로 얼마든지 성공을 쟁취할 수 있다는 믿음을 미국 사회의 핵심 가치로 깊숙이 뿌리내리게 했다. 오늘날 실리콘밸리의 혁신과 미국 특유의 긍정적이고 진취적인 '캔두 Can-do' 정신은 이 유전적 기질과 독특한 문화적 토양에서 자라난 결실이다.

이러한 기질과 문화의 차이는 위기를 대하는 태도에서도 극명하게 드러난다. 예를 들어, 암 진단을 받았을 때 독일인은 종종 "나 암에 걸렸어 Ich habe Krebs"라며 현실을 어쩔 수 없는 숙명으로 받아들인다. 하지만 미국인은 "난 암과 싸우고 있어 I am fighting cancer"라고 말하며 극복해야 할 도전 과제로 받아들인다. 한쪽은 운명을 인정하고 그 조건에서 최선을 다하려 하고, 다른 한쪽은 운명에 맞서

싸워 이기려는 의지를 불태운다.

하지만 개인의 도전과 성취를 강조하는 모험가 문화는 필연적으로 그늘을 만든다. 성공과 실패의 원인을 전적으로 개인의 몫으로 돌리기에, 독일이나 다른 유럽 국가들에 비해 공공 의료보험이나 실업 수당 같은 사회적 안전망이 취약하다. 성공의 기회가 더 많이 열려 있는 만큼 실패했을 때의 고통 역시 온전히 개인이 감당해야 하는 사회인 셈이다.

역자의 말: 동아시아, 특히 한국은 어떨까?

이 책에서 제시된 라이프코드 유형과 분석 틀을 우리가 살고 있는 동아시아, 특히 한국 사회에 적용하면 어떤 모습이 나타날까? 한국, 중국, 일본 등 동아시아 문화권은 개인보다 집단을, 경쟁보다 조화를 중시하는 전통적인 가치관의 영향으로 조화주의자와 전통주의자 비율이 서구 사회보다 높다. 공동체의 안녕과 관계의 화합을 무엇보다 중요하게 생각하는 '우리' 중심의 문화나 급격하고 예측 불가능한 변화보다는 안정과 질서를 선호하는 보편적인 모습이 조화 및 균형 시스템의 강한 영향력을 잘 보여준다.

하지만 한국은 여기서 한 발 더 나아간다. 전통적인 조화/균형 시스템과 더불어, 지배 시스템이 사회 전반에 두드러지게 나타난다. 세계적으로 유례를 찾아보기 힘들 정도로 높은 교육열과 끝없는 입시 경쟁, 직장 내 치열한 승진 다툼, 성공에 대한 열망은 이 지배 시스템이 사회적으로 광범위하게 작동하고 있다는 증거다. 이러한 특성은 지난 수십 년간 한국의 눈부신 학업 성취와 기적과도 같은 압축적인 경제 성장을 이끈 핵심 동력이었다. 하지만 그 화려한 성공 신화의 이면에는 OECD 국가 중 최고 수준의 스트레스 지수와 청소년 자살률 그리고 '번아웃 사회'라는 고단한 그림자가 드리워져 있다.

앞서 살펴본 균형과 지배 시스템의 결합은 통제 성향을 낳는다. 이 유형은 규칙과 예측 가능성을 중시하며, 통제 범위를 벗어나는 다름이나 예외에 인색하고 비판적이다. 한국 사회가 명문대, 대기업, 전문직이라는 획일적인 성공 경로를 강요하는 분위기는 이러한 통제 성향이 빚어낸 단면이다. 이 경직된 사회적 분위기는 기준에 부합하지 못하는 이들에게 깊은 좌절감과 소외감을 안긴다.

그러나 잊지 말아야 할 사실이 있다. 성공과 행복의 기준이 하나가 아니라는 사실이다. 각자의 라이프코드만큼이나 다양한 가치를 편견 없이 존중하고, 창의적인 도전을 장려하는 유연하고 포용적인 사회적 토양이 필요하다. 그래야 한국 사회가 구성원들의 다양한 잠재력을 마음껏 꽃피우며 더 건강하고 행복하게 성장할 수 있다.

3부

세상은 어떻게 움직이는가

12장

돈, 뇌가 갈망하는 마약

"돈이 세상을 지배한다."

어쩌면 진부하게 들릴 만큼 익숙한 말이다. 하지만 이 명제는 앞선 내용, 즉 우리의 행동을 이끄는 것은 감정 시스템 라이프코드라는 주장과 정면으로 부딪히는 듯 보인다. 감정이 우리 삶의 주인이라더니, 결국 돈의 문제였을까?

답은 간단하다. 돈이 불러일으키는 즐거움과 불안감은 돈이 본질적으로 매우 '감정적인' 대상이라는 사실에서 비롯된다. "돈만으로는 행복을 살 수 없다"는 고상한 격언에 한 독일 개그맨은 이렇게 응수했다.

"맞아, 돈만으론 부족하지. 금, 주식, 부동산도 필요해."

경제학자들은 돈을 "물건을 사고팔 때 사용하는 일반적인 수단"이라고 정의한다. 하지만 라이프코드 관점에서 돈은 전혀 다른 의미를 갖는다.

"돈이란 지갑이나 통장에 쌓인 농축된 쾌락이자 미래를 살 수 있는 가능성이다."

전자의 정의가 경제학자들의 이성적인 대뇌에서 나왔다면 후자에서 밝힌 내 정의는 본능이 자리한 변연계에서 나왔다. 변연계만이 우리 인간이 왜 그토록 돈에 큰 즐거움을 느끼고 탐욕스러워지며, 아무리 가져도 만족하지 못하는지 설명해줄 수 있기 때문이다. 먼저 돈이 어떻게 쾌락으로 작용하는지, 그 중심에 있는 보상 시스템부터 살펴보겠다.

돈의 쾌락, 뇌의 보상 시스템

만약 내가 지금 당신의 계좌에 10만 유로(약 1억 6,000만 원)를 입금한다면 어떤 일이 벌어질까? 계좌 잔고를 확인하는 순간, 당신의 뇌는 행복한 상상과 계획으로 분주해질 것이다. 발리 해변에서 칵테일을 마시는 모습(자극 시스템), 번쩍이는 스포츠카를 몰고 옛 동창들 앞에 나타나는 장면(지배 시스템), 노후를 대비한 저축(균형 시스템), 또는 자녀의 꿈을 위한 투자(조화 시스템)를 떠올릴지도 모른다. 어떤 선택을 상상하든, 그 순간 당신의 뇌는 엄청난 쾌감에 휩싸일 것이다.

돈이 행복을 가져다주는 것은 분명하다. 다만 그 유효기간이 지독히 짧을 뿐이다. 돈은 단순한 종이 쪼가리가 아니라 응축된 마약과 같다. 뇌의 보상 시스템을 자극하기에, 우리는 가진 것에 만족하지 못하고 끊임없이 더 많은 것을 원하게 된다. 이런 점에서 돈은 중독 물질과 같으며 우리를 탐욕에 빠뜨린다. 문제는 모든 중독성 물질이 그렇듯 내성이 생긴다는 점이다. 우리는 가진 것에 금세 감정적으로 무뎌지고, 같은 수준의 쾌감을 얻기 위해 점점 더 많은 것을 갈망하게 된다. 이것이 바로 돈을 향한 끝없는 욕망, 즉 탐욕의 본질이며 돈이 그토록 강력한 중독성을 띠는 이유다.

이를 극명하게 보여주는 예시가 있다. 네팔의 한 호텔에서 월 100유로를 버는 노동자가 있다고 가정해보자. 그가 성실함을 인정받아 월급이 30유로 더 오른다면, 세상을 다 얻은 듯 기뻐할 것이다. 이제 시선을 돌려, 독일에서 월 1만 유로를 버는 고위 임원을 보자. 그에게 30유로의 월급 인상을 제안한다면 어떨까? 아마 헛웃음만 나올 것이다. 심지어 그의 월급이 3천 유로나 오르더라도, 그가 느끼는 기쁨의 강도는 네팔 노동자가 30유로로 느꼈던 순수한 환희에는 미치지 못할 가능성이 크다.

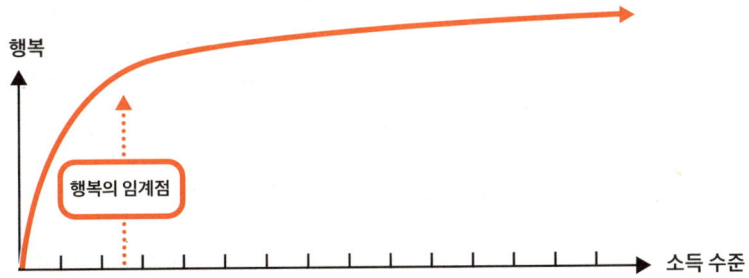

소득 수준과 행복감의 관계를 조사한 수많은 연구는 거의 예외 없이 비슷한 결과를 보여준다. 앞장에 있는 그래프를 보자. 그래프의 왼쪽, 즉 소득이 낮은 구간에서는 아주 적은 돈으로도 느끼는 행복 수준이 급격히 상승한다. 반면 소득이 일정 수준을 넘어서면 행복감을 추가로 얻기 위해 훨씬 더 많은 돈이 필요하다.

연구에 따르면, 개발도상국에서는 연간 약 6,500유로(약 1,000만 원), 독일 같은 선진국에서는 약 3만 3,000유로(약 5,000만 원), 미국에서는 약 5만 유로(약 7,000만 원)가 '행복의 임계점'에 해당한다. 이 수준을 넘어서면 추가 소득이 행복감에 미치는 영향은 급격히 줄어든다. 이 임계점은 절대적인 기준이라기보다는 사회의 평균 소득과 물가에 따라 상대적으로 결정된다.

"너보다만 많이 벌면 돼!"

앞서 말했듯 보상의 기쁨은 짧고 처벌의 고통은 길다. 연봉이 20% 올라도 그만큼 행복이 오래 지속되지 않는다는 사실은 우리 모두 경험으로 안다. 그럼에도 더 많은 돈에 집착하는 이유는 무엇일까? 아마도 돈으로 산 멋진 차나 근사한 집을 통해 이웃에게 자신의 우월함을 증명하고 싶은 욕망 때문일 것이다.

여기서 이웃이란 단순히 옆집에 사는 사람을 뜻하지 않는다.

오랜 친구, 직장 동료, 동호회에서 만난 사람들처럼 일상을 공유하는 모든 관계가 이웃의 범주에 포함된다. 우리 뇌의 지배 시스템은 본능적으로 무리 내 서열을 파악하고, 그 안에서 더 높은 지위를 차지하도록 우리를 부추긴다.

뇌는 게으르다. 그래서 복잡한 비교 대신 가장 단순한 기준을 찾는다. 상대의 업무 성과나 재능을 일일이 따지기보다 '누가 연봉을 더 많이 받는지', '누가 더 비싼 아파트에 사는지'처럼 숫자로 명확히 드러나는 기준을 선호한다. 게다가 돈이 성공의 가장 중요한 척도이자 능력의 증명서처럼 여겨지는 자본주의 사회에서 이러한 경향은 더욱 두드러진다. 우리는 매 순간 이 명확한 숫자를 이웃의 것과 비교하며 자신의 위치를 확인한다.

미국의 한 대학교에서 학생들을 대상으로 아주 흥미로운 질문을 던진 연구가 있다. 연구진은 학생들에게 2가지 가상의 상황을 제시했다.

상황 1: 당신은 10만 달러(약 1억 3,000만 원)를 가지고, 다른 사람들은 5만 달러(약 6,500만 원)를 가진다.

상황 2: 당신은 20만 달러(약 2억 6,000만 원)를 가지고, 다른 사람들은 30만 달러(약 3억 9,000만 원)를 가진다.

당신은 어떤 상황을 선택하겠는가?

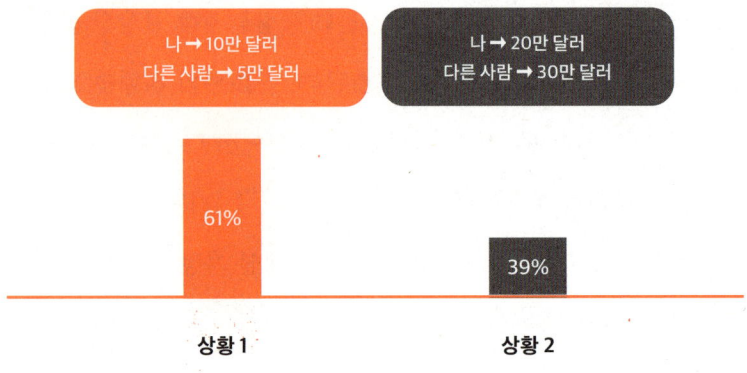

　놀랍게도, 참가자의 대다수가 첫 번째 상황을 선택했다. 더 적은 돈을 벌더라도 주변 사람들보다 우위에 서는 길을 택한 것이다. 2배나 많은 돈을 손에 쥘 수 있는 두 번째 상황을 마다한 것은, '남보다 못하다'는 느낌을 견딜 수 없었기 때문이다. 이는 행복감이 절대적인 부의 양보다 상대적인 위치에 더 크게 좌우된다는 점을 보여준다. "남의 떡이 더 커 보인다"는 속담과 달리, 우리는 내 떡이 남들보다 커야 비로소 만족하는 존재다.

　뇌과학자 베른트 베버Bernd Weber의 뇌 영상 실험에서도 비슷한 결과가 나왔다. 똑같은 일을 하고 당신이 30유로(약 4만 원)를 받았는데, 동료가 60유로(약 8만 원)를 받으면 뇌의 보상 시스템은 거의 반응하지 않거나 불쾌감을 드러낸다. 반대로 당신이 60유로를 받고 동료가 30유로를 받으면 당신의 뇌는 축제를 벌인다!

　이러한 비교 심리는 빈부격차가 심한 사회에서 강력 범죄율이 높은 이유를 설명해준다. 모두가 가난하다면 그럭저럭 견딜 수 있다. 하지만 다른 사람들이 호화로운 삶을 누리는데 나만 굶주리고 비참한 생활을 해야 한다면, 그 분노와 좌절은 결국 위험한 방식으로 폭발하고 만다. 실제로 브라질, 멕시코처럼 소득 불평등이 심한 국가에서 재산 관련 범죄가 들끓는 반면, 스웨덴이나 노르웨이처럼 격차가 작은 북유럽 국가에서는 그 수치가 현저히 낮다.

돈이 사람을 이기적으로 만든다?

돈은 생각보다 더 노골적으로 사람을 이기적으로 만든다. 미네소타 대학의 캐슬린 보스Kathleen Vohs 연구팀의 실험은 이를 명확히 보여준다. 연구팀은 참가자를 두 그룹으로 나누어 한 그룹에만 돈과 관련된 단어나 이미지를 보여주었다. 그 결과는 놀라웠다. 돈과 관련된 이미지를 본 참가자들은 그렇지 않은 그룹보다 타인에게 도움을 청하길 주저했고, 의자를 배치할 때도 더 멀리 떨어져 앉는 등 타인과 거리를 두려는 성향을 보였다.

이러한 돈의 속성은 불공정함에 대한 분노로 이어지기도 한다. 밤낮으로 일한 나보다 훨씬 적게 일한 동료가 더 높은 연봉을 받을 때, 우리는 액수보다 불공정함에 분노한다. 코인 투자로 벼락부자가 된 친구의 SNS 사진에 복잡한 감정을 느끼는 것도 마찬가지다. 아무리 내 삶에 만족하려 해도, 뇌는 이처럼 극명한 비교 앞에서 격렬한 박탈감을 느끼도록 설계되어 있다. 이는 결국 내 몫을 지키려는 이기적인 방어기제로 작동하며, 협력해야 할 동료를 잠재적 경쟁자로 여기게 만든다. 이처럼 돈은 관계의 본질을 바꾸고, 우리를 고립된 섬으로 만든다.

현대 사회는 비교 지옥이다. 과거에는 비교 대상이 고작 옆집 아저씨의 새 차였다면, 이제는 차원이 다르다. SNS를 켤 때마다 내 연봉의 수십 배를 버는 10대 유튜버, 수백억에 회사를 매각한 20대 창업가, 태어날 때부터 모든 것을 가진 재벌 3세와 마주해야 한다. 차원이 다른 부를 가진 이웃의 수가 폭발적으로 늘어난 탓에 우리는 물질적으로 풍요로워졌음에도 더 큰 불안과 초조함을 느낀다.

이처럼 비교의 범위는 국경을 넘어 무한히 확장되었고, 그 기준 또한 비현실적으로 높아졌다. 더 비싼 것, 더 희귀한 것, 남들이 부러워하는 것을 향한 욕망은 밑 빠진 독처럼 채워지지 않는다. 뇌과학적으로도 물질적 소비는 지속적인 행복을 주지 못한다. 그러니 이 사실 하나만은 기억하자. 당신의 뇌가 "더 많은 돈!"을 외칠 때, 그것은 행복을 향한 외침이 아니라 비교 지옥에서 벗어나고 싶다는 착각일 수 있다는 것을.

왜 주식 개미들은 돈을 못 벌까?

돈을 벌 때의 기쁨보다 잃을 때의 고통이 훨씬 크다는 사실은 뇌를 들여다보면 명확히 알 수 있다. 뇌과학자들이 fMRI로 뇌를 스캔해보니 주식으로 돈을 벌 때는 쾌감과 관련된 보상 시스템이 주로 활성화되었다. 반면 돈을 잃을 때는 이 시스템이 멈출 뿐만 아니라 고통을 처리하는 뇌 영역까지 함께 활성화되었다. 특히 흥미로운 점은 잃는 고통이 얻는 기쁨보다 2~3배 더 강렬하게 느껴진다는 것이다. 실제로 주식 투자로 큰돈을 날렸을 때 반응하는 뇌 부위는 극심한 치통을 앓거나 사랑하는 사람과 이별할 때 활성화되는 부위와 같다. 즉, 돈을 잃는다는 것은 단순한 숫자의 감소가 아니다. 우리 뇌에게는 살을 에는 듯한 실제 고통이나 깊은 상실감과 다르지 않은, 강렬한 신경학적 반응인 것이다.

개인 투자자들, 소위 '개미'들이 자주 보이는 패닉 셀링Panic Selling○은 이런 손실의 고통에서 벗어나려는 뇌의 필사적인 반응이다. "글로벌 경제 위기 임박!", "주가 반 토막 폭락 가능성!" 같은 공포스러운 뉴스가 쏟아지고 눈앞의 계좌가 파랗게 물드는 순간, 고통을 감지한 뇌는 이성의 회로를 끊어버린다. 그리고 본능은 외친

○ 주식, 암호화폐, 부동산 등 자산 가격이 급락할 때 투자자들이 공포에 휩싸여 이성적인 판단 없이 서둘러 매도하는 행위를 말한다. 갑작스러운 손실을 피하고자 하는 감정적 반응으로, 손해를 키우는 경우가 많다.

다. "지금 당장 모두 팔아치워! 남은 거라도 건져야 해!"

"개미는 주가가 오를 때 사고, 떨어질 때 판다"는 주식 시장의 오랜 격언은 이런 인간 심리를 정확히 꿰뚫는다. 하지만 전문 투자자나 큰손들은 그와 정반대로 움직인다. 시장이 공포에 휩싸여 모두가 주식을 내다 팔 때, 그들은 싼값에 좋은 주식을 살 기회를 포착한다. 하락장에서 다른 이들이 던지는 물량을 기꺼이 받아내는 것이다. 이들은 손실의 고통을 이성적으로 관리하는 훈련을 마친 이들이다.

이것이 바로 현대 금융 시장의 비극이다. 위험을 피하려던 생존 본능, 즉 손실 회피가 오히려 최악의 타이밍에 손실을 확정 짓는 함정으로 작동하는 것이다. 개인 투자자가 돈을 벌기 어려운 이유는 이처럼 시장의 논리가 인간의 본능과 충돌하기 때문이다.

당신의 머니 라이프코드는?

지금까지 우리는 돈이 뇌의 보상과 처벌 시스템에 어떻게 작용하는지 살펴봤다. 이제 남은 질문은 사람마다 돈을 다루는 방식이 얼마나 다른지 알아보는 것이다. 돈에 대한 태도는 사람마다 크게 다르며, 이는 우리의 라이프코드에 따라 결정된다. 대표적인 유형을 통해 이를 알아보자.

- **안정주의자 마리아:** 마리아는 극도로 돈을 아낀다. 경제적 여유가 있어도 가장 저렴하고 가성비 좋은 제품을 고른다. 돈은 은행 예금이나 적금 같은 안전한 곳에 보관하며, 위험한 투자는 철저히 피한다. 그녀에게 돈은 미래의 불확실성에 대비하는 안전망이며, 재정적 안정이 삶의 최우선 목표다.

- **구두쇠 올라프:** 올라프도 절약을 미덕으로 삼지만, 마리아보다 훨씬 극단적이다. 한겨울에도 난방을 아끼기 위해 11월 중순이 지나야 히터를 켜고, 유통기한이 살짝 지난 음식도 "이 정도는 괜찮아!"라며 먹는다. 매일 통장 잔고를 확인하며 단 한 푼도 낭비하지 않으려 애쓴다.

- **수익사냥꾼 얀:** 얀은 돈이 불어나는 과정을 사랑한다. 주식 시장 동향과 투자 정보에 밝으며, 거의 매일 주식을 사고판다. 돈이 늘어날 때마다 사냥에 성공한 듯한 짜릿함을 느낀다. 그의 인생 목표는 단 하나, 최대한 빨리 부자가 되는 것이다.

- **승부사 올리:** 올리도 돈에 관심이 많지만, 얀과는 접근 방식이 다르다. 그는 돈 관리를 게임처럼 여기며, 변동성이 큰 파생상품이나 옵션·선물 거래 같은 고위험 투자를 즐긴다. 때로는 전 재산을 걸고 한탕을 노리는 위험천만한 도박도 마다하지 않는다.

- **방관자 리사:** 리사는 돈을 싫어하지 않지만, 관리나 투자 과정 자체를 귀찮아한다. 은행 방문은 큰일처럼 느껴지고, 복잡한

금융 상품 설명서는 읽을 생각도 안 한다. 미래를 위한 재정 계획은 골치 아프다고 외면하며, 그저 하루하루 별생각 없이 살아간다.

라이프코드 지도에서 이 유형들의 위치를 살펴보자.

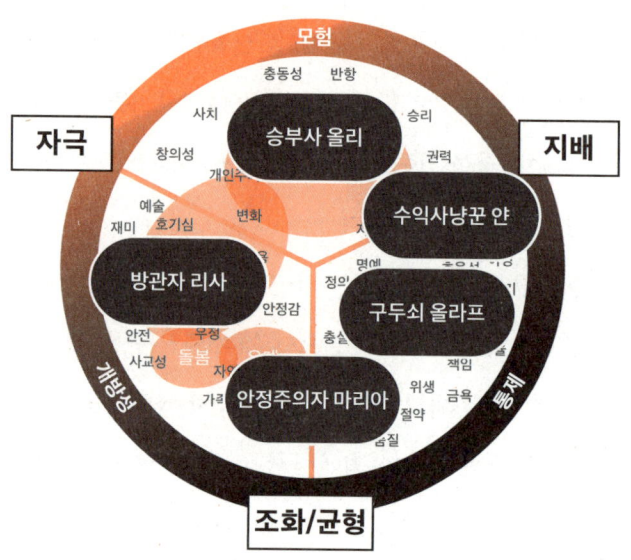

위험과 안전의 축을 기준으로 보면, 승부사 올리가 지도 위쪽(고위험 선호)에, 안정주의자 마리아가 아래쪽(저위험 선호)에 위치하는 건 당연한 일이다. 은행들도 이런 성향 차이를 잘 알기에 고객의 위험 성향을 법적으로 평가하도록 되어 있다.

당신의 투자 성향은 어떠한가? 은행에서 계좌를 개설하거나 금융 상품에 가입할 때, 설문지를 작성해본 경험이 있을 것이다. 이 설문은 당신이 안전하지만 낮은 수익률을 추구하는 안정형 투자자인지, 높은 수익률을 위해 위험을 감수하는 공격형 투자자인지를 파악하기 위한 것이다. 하지만 많은 초보 투자자들은 "안전하면서도 높은 수익률"이라는 불가능한 조합을 꿈꾸곤 한다. 그리고 바로 이런 순진하고도 욕심 많은 사람들의 심리를, 악질적인 투자 사기꾼들이 교묘하게 노린다. 하지만 적어도 믿을 만한 제도권 은행들은 고객의 투자 성향에 맞는 금융 상품만을 추천하도록 규정되어 있다. 금융 상품도 라이프코드 지도에서 각자의 감정적 위치를 가진다.

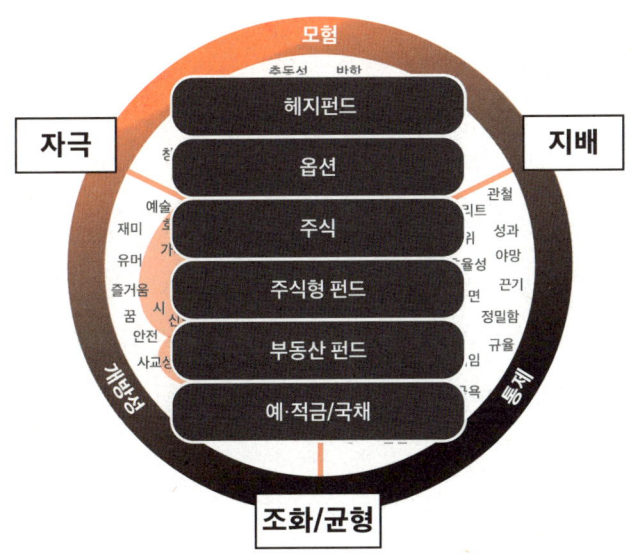

이 그래프는 금융 상품의 평균적인 위험 수준과 기대 수익률

의 관계를 보여준다. 물론, 같은 종류의 상품이라도 세부 내용에 따라 위험도는 다를 수 있다. 예를 들어, 주식 중에는 투기성이 강한 종목도 있지만 변동성이 낮고 안정적인 배당을 제공하는 우량주도 있다. 그럼에도 평균적으로 주식은 국채나 예·적금보다 훨씬 높은 위험을 동반한다.

돈에게 끌려다닐 것인가, 돈을 이끌어갈 것인가?

돈은 지배, 균형, 자극, 조화로 이루어진 4가지 핵심 라이프코드 시스템을 강하게 휘어잡는 거의 유일한 존재다. 사회적 비교의 압박과 손실의 고통이라는 본능 앞에서 우리는 종종 무력감을 느낀다. 하지만 선택권은 분명히 우리 손에 있다.

 이 장을 주의 깊게 읽었다면, "돈은 많으면 많을수록 좋다!"거나 "지금보다 돈을 더 벌면 행복할 거야!"라는 단순한 생각은 더 이상 하지 않을 것이다. 뇌는 새로운 부에 빠르게 적응하며, 곧바로 더 부유한 비교 대상을 찾아 끝없는 욕심과 불만을 만든다. 결국, 돈의 양이 아니라 돈을 어떻게 사용하느냐가 중요하다.

 당신에게 돈은 무엇인가? 돈의 의미는 당신의 라이프코드 깊은 곳에 숨겨져 있다. 예술이나 창의적 활동에 열정을 가진 쾌락주의자라면 남들의 시선이나 사회적 성공 기준에 얽매이지 않고, 새로운 경험과 자유로운 삶을 위해 돈을 투자할 때 더 큰 만족감을 느낄 것이다. 타인과의 관계나 사회적 기여를 중시하는 조화주의자라면 재테크 강의나 경쟁적 소비에 시간과 돈을 낭비하기보다 자원봉사나 기부 같은 의미 있는 활동에 돈을 사용함으로써 삶을 더 풍요롭게 만들 수 있다.

'돈이 많으면 행복해진다'는 공식은 착각에 불과하다. 설령 더 많은 돈을 손에 쥔다 해도, 인간의 뇌는 새로 쌓인 부에 허무할 만큼 빠르게 적응해버리기 때문이다. 그리고 나면 곧바로 그보다 더 많이 가진 사람과 자신을 비교하며 또다시 불만과 욕심을 키워간다.

이제 질문을 바꿔야 한다. 당신에게 돈이란 무엇인가? 당신은 그 돈으로 무엇을 하고 싶은가?

LIFECODE NOTE 12

---

1. 돈은 뇌의 욕망을 자극하는 마약 같지만, 끝없는 갈망을 부추길 뿐 실질적인 만족을 보장하지 않는다.
2. 우리는 돈을 비교 수단으로 여기고, 그 손실을 육체적 고통처럼 두려워하는 심리적 함정에 빠져 있다.
3. 자신의 라이프코드에 맞춰 돈의 목적을 정의하고 사용한다면 비교와 손실의 공포에서 벗어나 진정한 만족을 찾을 수 있다.

13장

당신의 지갑을 여는 보이지 않는 심리학

지금까지 돈에 관한 이야기는 충분히 다루었다. 이제는 열심히 모은 돈을 현명하게 써볼 차례다. 잠시 생각해보자. 필요한 것을 이미 충분히, 아니 차고 넘칠 만큼 가지고 있음에도 우리는 왜 쇼핑카트를 채우거나 결제 버튼을 클릭할 때 묘한 쾌감을 느끼는 걸까? 소비라는 기묘한 행위와 그 이면의 욕망에 관해서는 전작 『뇌, 욕망의 비밀을 풀다』에서 이미 상세히 다뤘다. 따라서 이 장에서는 우리가 무언가를 구매할 때 어떤 심리적 기제가 작동하는지만 간략히 살펴보고자 한다.

우리가 물건을 사는 근본적인 이유는 단순히 필요를 채우기 위함이 아니다. 그보다는 내면의 깊은 욕구를 충족시키기 위해서다. 그렇다면 이 욕구는 어디에서 오는 것일까? 내가 라이프코드라 이름 붙인 심리 체계에서 비롯된다. 이 체계는 다음과 같은 4가지 욕구로 구성된다.

- **균형 시스템:** 안전과 보호를 추구한다
- **조화 시스템:** 따뜻함과 돌봄을 원한다
- **자극 시스템:** 새롭고 흥미로운 경험을 찾는다
- **지배 시스템:** 경쟁에서 이기고 더 높은 자리에 오르고 싶어 한다

우리는 바로 이 4가지 욕구를 충족시키기 위해 소비라는 행위를 한다. 다음의 그림은 다양한 제품과 서비스가 우리의 라이프코드를 어떻게 자극하는지 명확하게 보여준다.

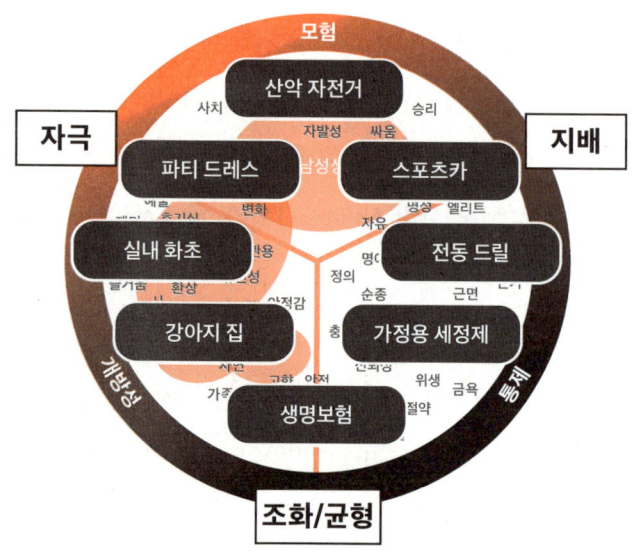

그림 속 다양한 제품들은 라이프코드를 어떻게 자극할까? 우리는 왜 이토록 물건들을 탐내고 소유하고 싶어 하는 걸까?

먼저 균형 시스템부터 살펴보겠다. 생명보험은 불확실한 미래에 대비하는 대표적인 안전장치다. 매일 쓰는 가정용 세제는 깨끗하고 정돈된 환경을 유지하려는 욕구를 채워주며 이 시스템과 연결된다.

짜릿한 지배 시스템을 자극하는 제품도 있다. 번쩍이는 스포츠카는 성공과 사회적 지위를 과시하는 효과적인 도구가 된다. 묵직한 전동 드릴은 자신의 힘으로 무언가를 창조하고 통제하는 성취감을 주며 이 시스템을 채운다.

새로운 경험을 갈망하는 자극 시스템은 어떨까? 산악 자전거는 거친 자연을 탐험하는 모험심을, 화려한 파티 드레스는 타인의 시선을 즐기며 자신의 매력을 한껏 드러내고자 하는 욕구를 충족시킨다.

마지막으로 조화 시스템은 따뜻한 관계와 안정을 추구한다. 반려동물을 위한 푹신한 침대는 돌봄과 사랑을 표현하는 행위이며, 공간에 생기를 불어넣는 화초는 정서적 안정감과 아름다움을 동시에 선사하며 이 시스템을 채운다.

여기서 흥미로운 지점은 휴대전화처럼 이 모든 시스템을 동시에 만족시키는 만능 제품도 존재한다는 사실이다. 우리는 휴대전화로 소통하며 조화를 이루고, 새로운 콘텐츠와 앱으로 자극을 받으며, 정보 검색을 통해 세상을 파악하고 통제하는 균형감을 느낀다. 나아가 최신 모델로 사회적 지위나 개성을 드러내며 지배의 욕구를 채우기도 한다. 이처럼 모든 소비의 이면에는 단순한 필요를 넘어 내면의 원초적 욕구들이 끊임없이 꿈틀대고 있다.

지배와 자극의 소비: 너보다 더 높이, 더 특별하게

우리는 태생적으로 사회적 동물이다. 의식하지 못하는 사이에도 우리는 끊임없이 주변 사람들과 자신을 비교하며 많은 시간과 에너지를 쏟는다. 이 과정에서 뇌의 지배 시스템이 강력하게 작동한다.

고가의 시계나 로고가 선명한 명품 가방을 떠올려보자. 이 제품들의 본질은 시간을 알리거나 소지품을 담는 기능에 있지 않다. 그것은 소유자의 사회적 지위와 성공을 과시하는 침묵의 확성기다. 기능은 평범한 제품과 다를 바 없어도 명품을 소유하는 행위 자체가 "나는 당신보다 우월하다"는 강력한 상징이 되는 것이다.

자극 시스템은 또 다른 방식으로 지갑을 열게 한다. 평범함을 거부하고, 오직 나만의 독특한 개성을 드러내고자 하는 욕구를 끊임없이 자극한다. 애플 제품이 대표적이다. 애플은 다른 전자기기와 차별화된 디자인과 특유의 감성으로 소비자들에게 강력한 소속감과 정체성을 부여한다. "Think Different(다르게 생각하라)"라는 슬로건처럼, 애플 제품을 사용하는 것만으로도 스스로를 창의적이고 특별한 존재로 여기게 만든다. 마찬가지로 메종 마르지엘라 같은 파격적인 패션 브랜드를 입거나 독특한 타투를 새기거나 한정판 스니커즈를 밤새 줄 서서 구하는 행동은 모두 "나는 남들과 다르다, 나는 이렇게 특별하다"라는 자기 표현이다.

균형과 조화의 소비: 우리 모두 함께, 안전하게

균형 시스템과 조화 시스템이 강한 사람들은 남들보다 돋보이려 하기보다 다른 이들과 어우러져 안정감과 유대감을 추구한다. 전 세계 어디서나 볼 수 있는 폭스바겐 골프 같은 대중적인 자동차를 타는 사람들을 떠올려보자. 이들은 파격적인 개성이나 과시적인 지위를 내세우기보다 공동체와의 유대를 더 중요하게 여긴다.

이처럼 라이프코드는 우리의 지갑을 열게 하는 보이지 않는 힘이다. 결국 우리가 어떤 제품을 선택하고 얼마를 지출하는지는 내면의 어떤 욕구를 채우려 하는지에 대한 무의식적인 대답인 셈이다.

그렇다면 어떤 라이프코드가 가장 많은 돈을 쓰게 할까? 지출 규모가 가장 큰 유형은 단연 지배 시스템이 강한 사람들이다. 이들은 사회적 지위와 성공을 과시하기 위해 고급 자동차나 명품 시계, 초고가 부동산처럼 상징성이 강한 제품에 과감히 투자한다. 그 뒤를 잇는 것은 자극 시스템이 강한 사람들이다. 이들은 자신의 독특한 개성을 드러내는 새롭고 희소성 있는 제품이나 경험에 기꺼이

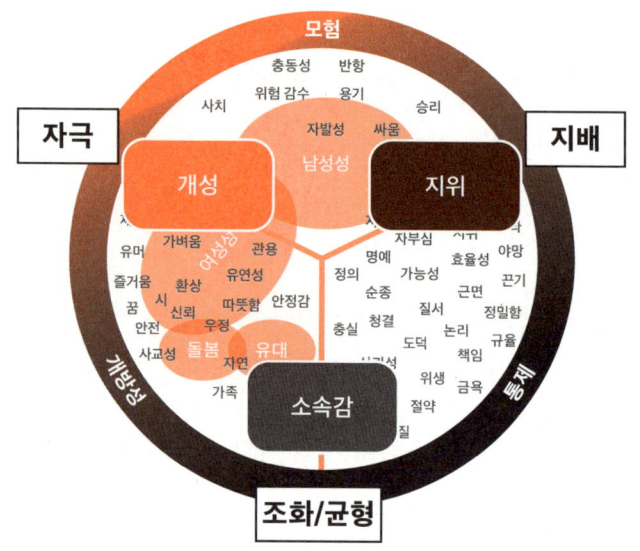

비용을 지불한다. 마지막으로 균형과 조화 시스템이 강한 사람들은 소비에서 다른 가치를 찾는다. 이들은 과시를 위한 지출보다는 주변과 조화를 이루는 실용적인 선택을 우선시하며 이는 자연스럽게 신중하고 합리적인 소비 습관으로 이어진다.

광고와 브랜드, 가격을 10배로 만드는 마법

우리는 왜 원가 1만 원짜리 향수를 15만 원에 기꺼이 구매할까? 답은 제품의 원가나 기능에 있지 않다. 바로 그 제품이 선사하는 '특별한 나'라는 감각, 즉 잘 설계된 이야기에 있다. 영리한 기업들은 제품이 아닌 감정을 팔고, 우리의 뇌를 설득하는 데 성공했을 뿐이다.

그 비밀의 핵심에는 앞서 말한 라이프코드 시스템이 있다. 마케터들은 고객들의 라이프코드를 정확히 겨냥한다. 그들은 매혹적인 디자인과 포장으로 감성을 자극하고, 브랜드라는 강력한 상징으로 우리 뇌리에 쐐기를 박는다. 일단 제품과 감정이 무의식의 영역에서 연결되면, 가격표의 숫자는 더 이상 중요하지 않게 된다.

커피 한 잔에 들어가는 원두의 원가는 고작 1센트(약 14원)다. 그런데 스타벅스에서는 같은 원두로 만든 커피가 원가의 350배인 3.5유로(약 5,000원)에 팔린다. 어떻게 이런 일이 가능할까? 그 비밀은 바로 라이프코드 시스템에 있다.

원료	상표/브랜드	브랜드 이미지 확립
컵당 1센트 (약 14원)	컵당 7센트 (약 100원)	컵당 3.5유로 (약 5,000원)

커피 원두의 원가가 1센트에 불과하더라도, 강력한 브랜드 이미지를 심으면 가치가 7배로 뛰어올라 7센트(약 100원)가 된다. 여기에 카페의 특별한 분위기, 바리스타의 친절한 서비스, 커피를 마시며

느끼는 특별한 경험, 특정 브랜드의 커피를 마시면 왠지 멋져보이는 느낌까지 더해지면 가치는 무려 350배인 3.5유로까지 치솟는다. 감정은 돈을 만드는 가장 강력한 연금술인 셈이다.

우리 안의 라이프코드 시스템이 바로 이러한 가치 창출의 핵심 동력이기에 영리한 기업들은 제품을 만들 때부터 우리의 감정 시스템을 직접 건드리는 방식으로 접근한다. 특별한 디자인이나 고급스러운 포장으로 제품에 감정적인 가치를 불어넣고, 특히 브랜드라는 강력한 상징을 통해 제품의 이미지를 우리 뇌에 깊숙이 심어주는 것이다. 이런 감정적 이미지가 우리가 알지 못하는 사이에 무의식적으로 제품과 강하게 연결되면서 우리는 기꺼이 더 많은 돈을 지불하게 된다.

기업은 우리의 라이프코드를 정교하게 분석하고, 광고는 그 시스템의 특정 감정을 자극하여 브랜드의 의도를 뇌 속에 확고히 자리매김시킨다. 결국 우리가 지불하는 돈의 대부분은 제품이 아닌 잘 설계된 라이프코드의 영향을 받아 느끼는 감정에 대한 값인 셈이다.

맥주 한 잔에도 라이프코드가 숨어 있다

이제 구체적인 맥주 브랜드를 통해 우리가 마시는 한 잔에 어떤 라이프코드가 숨어 있는지 살펴보자.

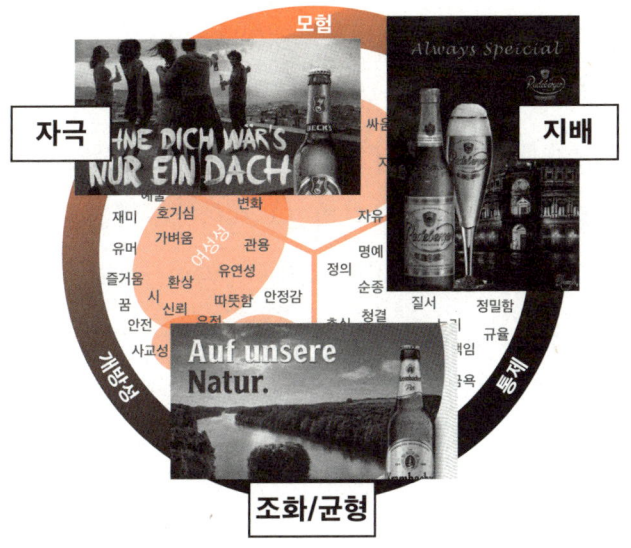

먼저 벡스Beck's를 보자. 벡스 광고에는 젊은이들이 해변이나 클럽에서 파티를 즐기거나 스릴 넘치는 모험을 하는 모습이 자주 등장한다. 역동적인 로고와 "너 없이는 여긴 그저 지붕일 뿐이야!"라는 슬로건은 자유와 개성을 갈망하는 자극 시스템의 스위치를 킨다. 신나고 에너지 넘치는 경험에 목마른 20대 초반의 젊은 층이 벡스의 활기차고 자유로운 이미지에 본능적으로 끌리게 된 이유다.

반대로 독일의 또 다른 유명 맥주인 라데베르거Radeberger는 철저히 지배 시스템에 뿌리를 내렸다. "최고를 목표로 한 양조"라는 슬로건은 엘리트 의식을 자극한다. 이 브랜드는 독일 드레스덴의 유서 깊은 '젬퍼 오페라'를 후원하며 브랜드에 권위를 더한다. 이는 '우리 맥주를 마시는 당신은 높은 지위와 문화적 소양을 갖춘 특별한 사람'이라는 메시지를 전달하는 것이다.

그렇다면 맥주가 균형 시스템도 자극할 수 있을까? 크롬바허Krombacher가 그 완벽한 해답을 보여준다. 광고는 울창한 숲이나 맑은 계곡물을 비추며 평화로운 자연의 이미지를 강조한다. 화려한 지위나 개성이 아닌 순수하고 안전한 성분과 삶의 균형을 전면에 내세운다. 위험을 피하고 편안함을 찾는 소비자들의 마음을 파고든 이 전략 덕분에 크롬바허는 독일 시장에서 오랫동안 높은 점유율을 지키고 있다.

행복한 소비를 위한 6가지 원칙

제품이 지배 시스템을 자극하든, 자극 시스템을 자극하든 상관없이 우리는 모두 돈 쓰는 것을 좋아한다는 공통점이 있다. 무분별한 소비는 문제가 있지만, 소비 자체는 우리에게 즐거움을 준다. 이제 소비 자체를 죄악시하는 대신 한정된 돈으로 더 큰 행복을 사는 기술을 배울 차례다. 미국 행동경제학자 엘리자베스 던Elizabeth Dunn, 대니얼 길버트Daniel Gilbert 그리고 티모시 윌슨Timothy Wilson의 연구를 바탕으로 '현명하고 행복한 소비를 위한 6가지 원칙'을 소개한다.

첫째, 물건이 아닌 '경험'을 사라.

명품 가방이나 시계를 사면 처음엔 짜릿하지만 시간이 흐르면 금세 흥미를 잃고 옷장이나 서랍 속에 처박아두기 십상이다. 하지만 친구들과 떠난 여행의 추억이나 공연의 감동은 평생 남는다. 10년 전 힘들게 샀던 가방은 어디 처박혀 있는지 기억나지 않아도, 친구들과 밤새 웃으며 보낸 여행의 순간은 여전히 당신을 미소 짓게 한다. 물건의 가치는 시간이 흐르면 줄어들지만, 경험의 가치는 추억이라는 이자가 붙어 끝없이 늘어난다.

둘째, 나를 위해 쓰지 말고 남을 위해 써라.

예상치 못한 선물에 환하게 웃는 친구의 얼굴, 작은 도움에 "고맙다"고 말하는 진심 어린 감사. 이런 순간에는 뇌의 조화 시스템이 폭발적으로 활성화된다. 남을 기쁘게 하는 소비는 어떤 명품보다 오래가는 만족감을 주며 최고의 가성비를 자랑한다.

셋째, 큰 한 방보다 '작은 여러 방'을 노려라.

수천만 원짜리 초대형 TV가 주는 쾌감은 한 번에 그치지만, 매달 즐기는 맛있는 식사, 마음에 드는 책, 소소한 취미 용품이 주는 기쁨은 여러 번이다. 작은 기쁨들은 매번 새로운 도파민을 터뜨린다. 인생은 한 번의 거대한 불꽃놀이가 아니라 매일 밤하늘을 수놓는 작은 별들의 총합이다.

넷째, 즉시 갖지 말고 '기다림'을 즐겨라.

의외겠지만, 심리학은 즉각적인 만족보다 기대하는 시간이 더 달콤하다고 말한다. 꿈꾸던 여행을 예약하고 달력에 날짜를 표시하는 순간, 행복은 이미 시작된다. 당일 배송이 주는 짧은 쾌감보다 기다림과 상상이 주는 설렘은 만족감을 극대화하고, 마침내 손에 넣었을 때의 가치를 더 소중하게 만든다.

다섯째, '있어 보이는 기능'에 속지 마라.

내 친구는 매주 파티를 열겠다며 초콜릿 분수대를 샀지만, 딱 2번 쓰고 창고에 처박았다. 세척하기 귀찮아서였다. 자동차나 핸드폰의 수많은 기능 중 매일 쓰는 것은 몇 개나 될까? 불필요한 기능에 돈을 낭비하지 말고, 정말 필요한 것에 집중하라.

여섯째, 스펙 비교는 '시간 낭비'다.

0.1인치 더 큰 화면, 5그램 더 가벼운 무게 같은 미세한 스펙 비교는 기대만 높여 실망을 키운다. 행복은 객관적인 성능이 아니라 주관적인 경험의 질에서 온다. 복잡한 비교 쇼핑에 쓸 에너지로, 차라리 그 제품과 함께할 즐거운 시간을 상상하는 것이 더 현명하다.

당신의 지갑은 거짓말하지 않는다. 그것은 당신이 진정으로 가치를 두는 것이 무엇인지 정직하게 보여주는 거울이다. 최근 한 달간 사용한 카드 내역이나 가계부를 살펴보자. 그냥 숫자일 뿐이라고 생각할 수 있지만 무엇을, 왜, 어떻게 소비했는지를 자세히 들여다보면 보지 못했던 것을 보게 된다. 특히 필요하지는 않았지만 왠지 끌려서 산 물건은 흥미로운 단서다. 이는 단순한 충동구매가 아니라 내면의 결핍을 채우려는 무의식적인 시도일 수 있다. '나는 왜 이 물건에 끌렸을까?' 하고 곰곰이 생각해보자. 건강을 생각해 유기농 채소 샐러드를 챙겨 먹었다면 당신의 균형 시스템이 속삭였을 가능성이 있다. 아니면 멋진 몸을 보여주고 싶은 지배 시스템의 욕구일 수도 있다. 반면 SNS에서 화제가 된 맛집에서 3시간을 기다려 음식을 맛보았다면? 이는 자극 시스템이 새로운 경험을 좇고 있다는 신호다.

LIFECODE NOTE 13

1. 소비는 지배, 자극, 균형, 조화 시스템 중 하나 이상의 감정을 건드릴 때 발생한다.
2. 기업은 라이프코드 욕구를 자극하는 판매 전략으로 제품 가격을 높이고 판매를 촉진한다.
3. 나의 성향과 소비 습관을 파악하면 더 현명한 소비를 할 수 있다.

14장

왜 친구가 추천한 음악은 나에겐 별로일까?

음악 취향만큼 첨예한 논쟁거리도 드물다. 누군가는 비욘세의 파워풀한 팝을, 누군가는 에미넴의 날카로운 랩을, 누군가는 드레이크의 그루브한 힙합을 최고로 꼽는다. 집안에서도 취향 전쟁은 계속된다. 힙합에 심취한 아들에게 부모님의 올드팝은 지루한 옛날 노래일 뿐이고, 부모님에게 아들의 음악은 귀를 막고 싶은 소음으로 들린다. 이런 취향의 차이는 어디서 오는 걸까?

첫째, 우리가 발 딛고 사는 문화다. 각 문화는 고유한 미적 기준과 감수성을 발전시켜왔다. 일본의 정갈한 미니멀리즘과 유럽의 화려한 바로크 스타일이 전혀 다른 아름다움을 보여주듯, 문화는 우리의 취향에 거대한 밑그림을 그린다. 음악이나 일상생활의 디자인 모두 마찬가지다.

둘째, 같은 문화권 안에서도 개인의 취향을 가르는 것은 바로 라이프코드다. 모든 예술은 감동을 주기 위해 존재하고, 이 감동의 뿌리는 우리 내면의 감정 시스템에 닿아 있다. 창작자와 수용자의 서로 다른 감정 시스템이 패션이나 음악 스타일을 결정하고, 사람들은 본능적으로 자신의 라이프코드와 맞는 것을 '아름답다' 혹은 '매력적이다'라고 느낀다. 만약 누군가 추천한 음악이 당신에게 소음처럼 들린다면, 그와 당신의 라이프코드가 서로 다른 주파수를 가지고 있기 때문이다.

당신의 플레이리스트가 말해주는 것

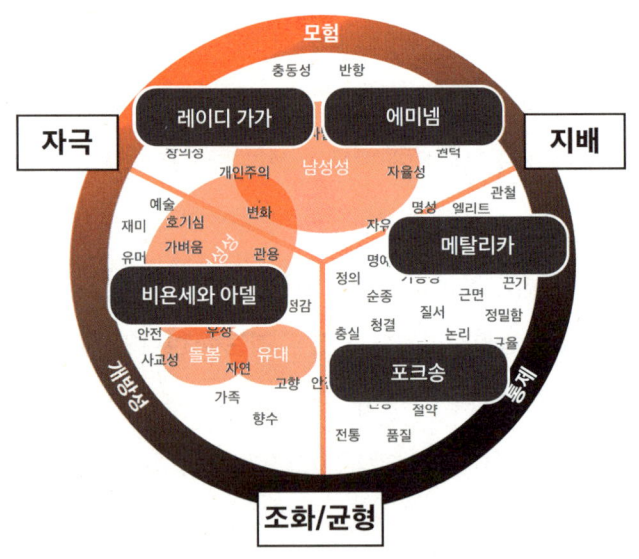

이제부터 다양한 음악 장르가 우리 안의 어떤 감정 시스템과 연결되는지 분석해보자. 다음의 그림은 대중음악의 여러 장르들이 라

이프코드 지도 위에 어떻게 자리 잡고 있는지 보여준다.

- **포크송: 안정과 소속감의 노래**

포크송과 전통 음악은 주로 고향의 풍경, 공동체의 따뜻한 기억, 애틋한 사랑과 가슴 아픈 이별의 감정을 담는다. 이 장르는 균형 시스템에 속하며, 안정과 소속감을 중요하게 생각하는 이들에게 깊고 특별한 울림을 준다.

- **비욘세와 아델: 대중성과 친숙함의 조화**

대중 팝 음악은 균형 시스템과 새로운 자극 시스템의 절묘한 균형을 이룬다. 비욘세, 테일러 스위프트, 아델 같은 팝의 여왕

들이 바로 이 영역을 대표하는 아티스트들이다. 이들의 음악이 전 세계적으로 엄청난 사랑을 받는 비결은 아마도 낯설지도 뻔하지도 않은 완벽한 조화에 있을 것이다. 이들의 천재성은 익숙함과 새로움의 균형을 찾아내는 데 있다.

- **레이디 가가: 관습을 깬 실험**

자극 시스템에 깊숙이 발을 들여놓으면, 음악은 실험적이고 때로는 도발적으로 변한다. 레이디 가가나 빌리 아일리시는 기존의 음악적·시각적 틀을 깨며 전 세계적으로 주목을 받았다. 평범함에 질린 이들에게 이들의 음악은 신선한 자극을 준다.

- **에미넴과 켄드릭 라마: 분노를 리듬에 담다**

자극 시스템과 지배 시스템이 만나는 지점에 자리한 랩과 힙합은, 종종 기존 질서에 대한 거침없는 반항과 세상을 향한 도전 정신을 담는다. 켄드릭 라마, 에미넴, 드레이크는 날카롭고 직설적인 가사와 심장을 때리는 강렬한 비트를 통해 사회의 불평등과 부조리 그리고 그 안에서 개인이 느끼는 분노와 좌절감을 솔직하고도 대담하게 표현한다. 그들의 음악은 비슷한 감정을 공유하는 청취자들에게 카타르시스와 해방감을 준다.

- **메탈리카: 권력과 통제의 사운드**

지배 시스템에 가까워질수록 음악은 강렬하고 공격적이며 때로는 파괴적인 에너지를 뿜어낸다. AC/DC, 메탈리카, 람슈타인과 같은 전설적인 메탈 록 밴드들은 귀를 찢을 듯한 기타 리프와 온몸을 뒤흔드는 압도적인 사운드로 원초적인 힘과 통제력을 표현한다.

내면에 쌓인 강한 감정을 표출하거나 자기 안의 숨겨진 힘을 느끼고 싶은 이들이 이 격렬한 장르에 끌리는 것은 어쩌면 너무나도 당연한 일이다. 헤드뱅잉을 하며 스트레스를 날리는 쾌감은 이 음악만이 줄 수 있는 특별한 혜택일 것이다.

오늘 입은 옷이 말해주는 것

패션도 감정 시스템에 따라 다채로운 반응을 이끌어낸다. 어떤 옷차림에는 '도대체 무슨 생각으로 입었을까?'라며 의아해하고, 어떤 스타일에는 '정말 근사하다!'라며 마음을 빼앗기기도 한다. 현대 사회에서 옷은 그 자체로 강렬한 메시지를 던지는 사회적 소통 도구로 발전했기 때문이다. 실제로 의류의 기본 기능인 보호와 보온은 작업복이나 스포츠 기능성 의류를 제외하고는 오래전에 뒷전으로 밀려났다. 이처럼 우리는 옷을 고를 때 개인의 취향은 물론, 타인에게 비칠 자신의 모습까지 고려하게 된다.

    패션이 담고 있는 감정적 메시지는 주로 안정을 추구하는 균형, 새로움을 좇는 자극 그리고 권위를 드러내는 지배 시스템의 상호작용에서 비롯된다. 특히 균형 시스템과 자극 시스템 사이의 긴장감이 스타일의 큰 축을 이루지만, 지배 시스템의 목소리 또한 결정적인 역할을 한다. 지금부터 이 시스템들이 우리의 옷차림을 통해 어떻게 드러나는지 살펴보겠다.

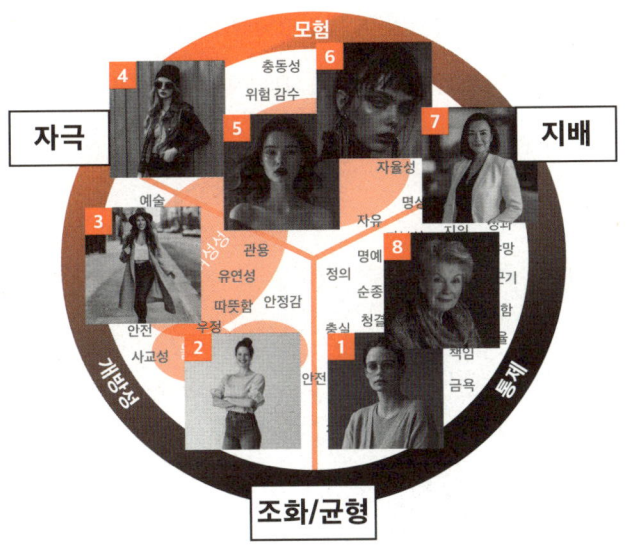

1. 균형 시스템: 안전과 소속감을 추구하는 단정한 스타일

균형 시스템의 영향을 강하게 나타나는 첫 번째 스타일은 보수적이고 전통적인 디자인을 통해 안정감을 드러내는 것이 특징이다. 유행을 따르거나 파격적인 시도를 하기보다 단정한 색과

디자인으로 '나는 신뢰할 만한 사람이다', '이 공동체의 일원이 되고 싶다' 혹은 '과도한 관심은 부담스럽다'라는 메시지를 조용히 전달한다.

두 번째 스타일은 이 클래식한 기본 스타일에 약간의 변주를 더한다. 첫 번째 스타일보다 한결 자유롭고 캐주얼한 분위기를 띠며, 과하지 않은 선에서 은은한 개성을 드러내는 식이다.

2. 자극 시스템: 개성을 추구하는 스타일

자극 시스템의 영향 아래에서는 타인의 시선을 끌고 자신만의 독특함을 표현하려는 욕구가 다양한 모습으로 나타난다.

세 번째 스타일에서는 예측 가능한 틀에서 벗어나, 서로 다른 아이템을 조합하며 개성을 표현하려는 시도가 나타난다. 이러한 실험적인 태도는 네 번째 스타일에 이르러 더욱 대담해지며, 오직 창의성만이 패션의 기준이 된다. 이 스타일은 타인의 시선을 끌고자 하면서도 동시에 호감과 인정을 받으려는 모순된 욕구를 드러낸다.

3. 지배 시스템: 매력과 반항의 스타일

다섯 번째 스타일은 '성적 매력'을 노골적으로 표현하며 자극을 극대화한다. 다른 사람의 시선을 끄는 것을 넘어, 더욱 직접적이고 도발적인 신호를 패션을 통해 적극적으로 발산하는 것이다.

여섯 번째 스타일은 이러한 욕구가 도발적인 '반항'의 형태로 나타난다. "나는 당신들의 규칙이나 시선 따위는 신경 쓰지 않는다!"라는 메시지를 온몸으로 외치는 듯한 이 스타일은 기성세대에 대한 반감과 정체성에 대한 고민이 깊어지는 젊은 세대에게서 주로 나타나는 특징이다.

4. 균형+지배 시스템: 성공과 권위를 드러내는 스타일

마지막으로 안정적인 사회적 기반(균형 시스템) 위에서 자신의 성공과 힘(지배 시스템)을 과시하는 스타일이 있다. 일곱 번째

스타일은 각 잡힌 디자인을 통해 자신의 사회적 지위와 경쟁력을 표현한다. 격식을 갖춰야 하는 비즈니스 환경에서 주로 볼 수 있다. 높은 성과와 효율성을 중시하는 사람들이 선호하며 "나는 정상을 향해 나아가고 있다!"는 야망을 드러낸다. 여덟 번째 스타일은 변치 않는 전통적인 디자인을 통해 좀 더 원숙한 권위를 표현한다. 이는 "나는 오래전에 정상에 도달했고, 이제 그 모든 것을 여유롭게 즐기고 있다"는 메시지를 전달한다.

당신의 옷장과 플레이리스트는 어디에 있는가?

자, 이제 당신의 음악 플레이리스트와 옷장을 한번 들여다보자. 어떤 음악을 즐기고, 어떤 옷을 입는가? 흥미롭게도 사람들의 음악과 패션 취향이 꼭 일치하지 않을 때가 있다. 플레이리스트가 클래식이나 어쿠스틱 음악(균형 시스템 영역)으로 가득하다면, 옷장은 화려한 스트리트 패션(자극 시스템 영역)으로 채워질 수도 있다. 물론 대부분은 어느 정도 연관성을 보이는 경우가 많다.

　이는 인간이 입체적이고 다양한 모습을 지니고 있기 때문이다. 우리는 상황과 환경에 따라 자신의 다른 모습을 보여주기도 한다. 직장에서는 지배 영역의 스타일로 전문성을 드러내고, 주말에는 균형이나 자극 영역의 음악을 즐기며 휴식을 취할 수 있다.

이런 감정 시스템의 분석은 절대적인 정답이 아니라 경향성을 보여주는 것이다. 중요한 것은 이를 통해 자신의 다양한 측면을 더 깊이 이해하고, 때로는 평소와 다른 영역을 탐험해보는 기회로 삼는 것이다. 결국 취향은 우리가 누구이고 무엇을 원하는지 보여주는 창이다.

당신이 현대미술을 이해하기 어려운 이유

모든 스타일과 취향 뒤에는 라이프코드라는 보이지 않는 논리가 있다. 익숙한 스타일은 균형 시스템에서, 도발적인 스타일은 자극 시스템에서 나온다.

그런데 새로운 아이디어나 스타일은 처음 등장할 때 항상 낯설고 불편하게 느껴진다. 지금은 물리학의 상식이 된 아이슈타인의 상대성이론도, 발표 초기에는 학계에 큰 혼란을 불러일으켰다. 양자 컴퓨팅이 처음 제안되었을 때도 대부분의 과학자는 "공상과학 소설 같은 터무니없는 이야기"라며 코웃음쳤다. 지금은 평범해 보이는 패션 스타일들도 처음 나왔을 때는 사회적으로 충격과 논란을 불러일으켰다. 1970년대 젊은이들의 분노와 저항을 담았던 펑크 스타일이나 1990년대 자유분방한 힙합 패션이 그랬다.

예술의 역사는 바로 이러한 끊임없는 탄생과 저항, 그리고 수

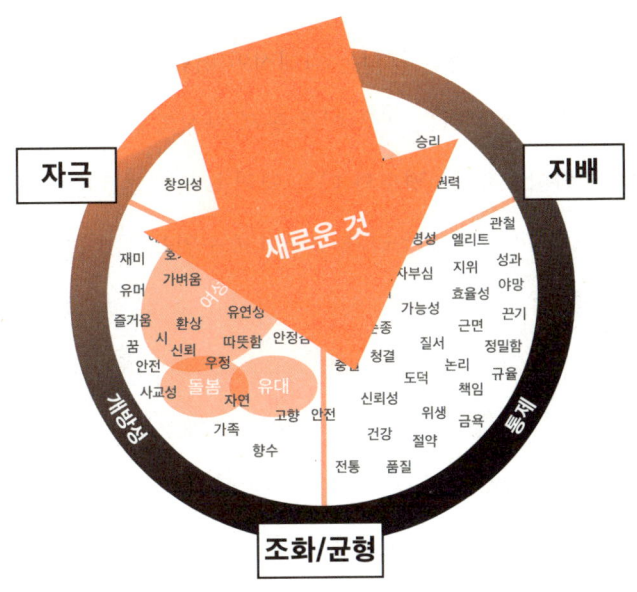

용의 과정을 가장 잘 보여준다. 베토벤의 합창 교향곡은 처음 연주되었을 때 너무 혁신적이어서 보수적인 평론가들로부터 "이것이 과연 사람이 들을 수 있는 음악인가?"라는 혹독한 비판을 받았다. 하지만 지금은 어떤가? 서양 클래식 음악의 걸작으로 여겨지며 전 세계에서 사랑받고 있다. 파블로 피카소의 입체파 그림들도 마찬가지다. 처음 나왔을 때는 "애들 낙서 아니냐!"는 조롱을 받았지만, 이제는 20세기 현대 미술의 가장 중요한 이정표로 인정받고 있다.

우리가 지금 현대 미술관에서 난해한 설치 작품이나 추상화를 보며 "도대체 이게 뭐야? 이게 예술이라고?"라고 느끼는 것도 같은 맥락이다. 50년 뒤쯤의 다음 세대들은 "어떻게 그 시대 사람들은 이런 걸작을 몰라봤을까?"라며 우리를 한심하게 생각할 것이다.

그렇다면 왜 우리는 새로운 것을 본능적으로 거부할까? 균형 시스템은 라이프코드 중에서 가장 먼저 생겨났고, 가장 중요한 역할을 한다. 과거에 살아남으려면 안전만큼 중요한 게 없었기 때문이다. 낯선 음식은 독초일 수 있었고, 낯선 장소에는 굶주린 맹수가 숨어 있을 수도 있었다. 이에 뇌는 새로운 것에 경계심을 갖고 거부감을 느끼도록 진화했다. 생존을 위한 방어 본능인 셈이다.

하지만 동시에 우리는 끊임없이 새로운 것을 갈망하는 존재이기도 하다. 자극 시스템이 우리를 지루함에서 벗어나 새롭고 흥미로운 경험을 찾아 나서도록 부추기기 때문이다. 이 호기심과 탐구심 덕분에 인류는 발전해왔다. 대부분의 사람은 점진적이고 예측 가능한 범위의 새로움을 기꺼이 받아들이지만, 기존의 안정감을 크게 위협하는 급진적인 변화 혹은 시대를 너무 앞선 새로움 앞에서는 여전히 두려움과 저항감을 느낀다.

하지만 시간이 지나면서 우리 뇌는 점차 그것을 일상적인 것으로 받아들이기 시작한다. 처음에는 자극 시스템의 영역에만 머물던 것들이 서서히 균형 시스템의 영역으로 자리를 옮기는 것이다. 이런 패턴은 음악, 미술, 패션뿐만 아니라 과학, 기술, 사회 규범, 가치관 등 거의 모든 분야에서 예외 없이 반복된다.

취향의 차이는 개인적 성향과 깊이 연결되어 있으며, 이는 라이프코드에서 비롯된다. 우리는 자신만의 렌즈로 세상을 바라보기에 각자의 감정적 성향과 맞는 음악이나 스타일에 본능적으로 끌리고 편안함을 느낀다. 그래서 저마다 좋은 취향이 존재하는 것이다.

하지만 라이프코드에는 우열이 없다. 오히려 세상은 사람마다 다른 코드 덕분에 더욱 다채롭고 풍성하며 아름다워진다는 걸 잊지 말자.

LIFECODE NOTE 14

1. 음악이나 패션처럼 단순 취향이라 여기는 것에도 라이프코드는 어김없이 작동하고 있다.
2. 예술의 진보는 새로움(자극 시스템)에서 시작되지만, 너무 파격적인 새로움은 안정을 추구하는 뇌(균형 시스템)의 저항에 부딪힌다.
3. 모든 취향은 동등한 가치를 지니며, 이 다양성이 존중될 때 세상은 더 풍요로워진다.

15장

왜 정치인들은 늘 싸울까?

음악이나 패션 취향을 둘러싼 다툼을 한낱 귀여운 말싸움으로 만들어버리는 궁극의 논쟁거리가 있다. 바로 정치다. 엄숙한 의회든, TV 토크쇼든, 동네 술집이든 정치 이야기가 나오면 언제나 싸움이 일어난다.

한쪽은 트럼프를 구원자라 칭송하고, 다른 한쪽은 그를 민주주의를 파괴하는 위험 인물이라며 비판한다. 경제 정책도 마찬가지다. 성과에 대한 정당한 보상을 믿는 이들은 경영진의 높은 급여와 낮은 세금을 옹호하는 반면, 사회적 연대를 더 중요한 가치로 여기는 이들은 자산세와 소득세를 인상해서라도 기본소득을 보장해야 한다고 맞선다.

정치라는 단어에서 갈등이 먼저 떠오를 만큼, 우리는 이 주제를 두고 오래도록 격렬하게 싸워왔다. 그리고 이 모든 지긋지긋한 싸움의 가장 깊은 곳에는 서로 다른 라이프코드의 충돌이 자리하고 있다. 최근 몇 년간 유럽 사회를 뜨겁게 달군 난민 문제를 살펴보자.

한쪽은 인도주의를 내세우며 전쟁과 박해를 피해 온 난민들을 조건 없이 수용해야 한다고 주장한다. 다른 한쪽은 국가 안보와 문화적 정체성을 지키기 위해 국경 통제를 강화해야 한다고 맞선다. 이는 라이프코드의 두 축, 즉 새로움을 향한 개방성과 기존 질서를 지키려는 통제성이 정면으로 충돌하는 모습이다. 개방성을 중시하는 이들에게 관용과 인류애는 최고의 가치이며, 통제를 중시하는 이들에게는 공동체의 질서와 안정이 무엇보다 중요하다.

우리의 고유한 라이프코드 설정값이 정치적 성향과 가치관을 형성하기 때문에 서로 다른 사람들이 모여 사는 세상에서는 의견 대립이 필연적이다. '개방성'과 '통제', '자유'와 '안전' 같은 가치관의 대립은 결국 우리 마음속에서 어떤 감정 시스템의 목소리가 더 크게 울리는가에 따른 자연스러운 결과다.

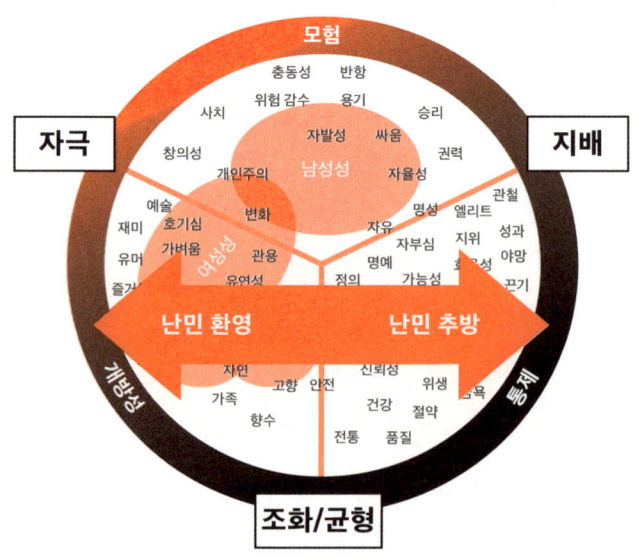

능력주의 vs 복지주의 : 돈은 어떻게 나눠야 공평한가

부의 분배라는 정치적 전선으로 들어가보자. 이곳에서는 능력주의와 복지주의가 격돌한다. 능력주의자들은 "실력 있고 열심히 일한 사람이 더 많은 부를 가져야 한다"고 주장한다. 이 가치관은 개인의 성취와 경쟁에서의 승리를 중시하는 지배 시스템에 뿌리를 둔다.

반면 공동체의 연대를 우선시하는 이들은 조화 시스템에 기반한 평등 사회를 꿈꾼다. 이들에게 정의란 개인이 축적한 부의 크기가 아니라 공동체 구성원 모두가 함께 잘사는 것이다. 따라서 이들은 상호 돌봄과 부의 재분배가 사회 정책의 핵심이 되어야 한다고 주장한다.

그러나 두 이념 모두 이상과 현실의 간극을 드러낸다. 능력주의는 승자독식 구조를 강화해 극심한 빈부격차와 불평등을 초래한다. 더욱이 능력 자체가 가정환경이나 교육 기회, 부모의 재산 같은 통제 불가능한 요소에 크게 좌우되므로, 공정한 경쟁이라는 전제부터 흔들린다. 이는 민주주의를 위협하는 부의 독점으로 이어질 수 있다.

복지주의의 길 또한 순탄치 않다. 모든 국민에게 높은 수준의 복지를 제공하려면 필연적으로 막대한 비용이 들고, 이는 결국 국민이 납부하는 세금으로 충당해야 한다. 하지만 높은 세율은 경제 전반의 활력을 떨어뜨리고 기업의 투자 의욕을 꺾을 수 있다. 사람들의 근로 의욕이 저하되고, 기업은 높은 세금 부담을 피해 고용을 줄이거나 공장을 해외로 이전하기도 한다. 그리고 한 번 확대된 복지 수준을 축소하기란 매우 어렵다. 복지 혜택이 당연한 권리로 인식되면 국가 재정이 심각한 위기에 처하더라도 이를 조금이라도 줄이려는 시도는 국민적 저항과 정치적 부담에 부딪히기 때문이다.

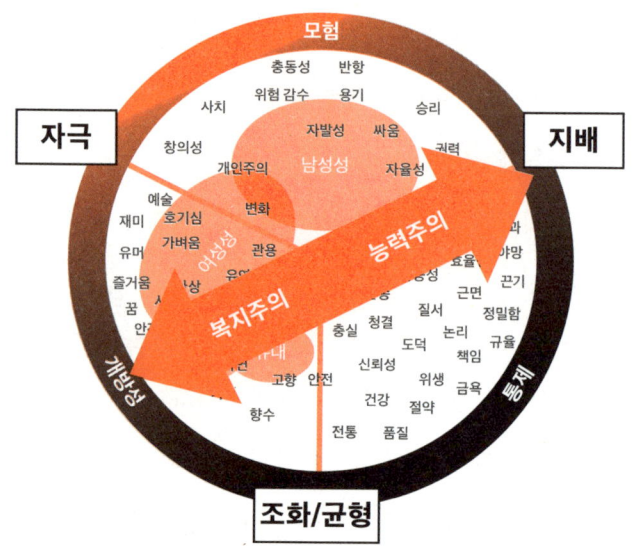

오늘의 행복이 내일의 걱정보다 크다

이러한 개인의 단기적 욕구와 공동체의 장기적 책임 사이의 갈등은 환경 문제에서 가장 극명하게 드러난다. 기후 위기의 심각성을 모르는 사람은 이제 거의 없다. 미디어는 연일 "생태 발자국을 줄이자"고 외치지만, 현실은 정반대다. 대형 SUV 판매량은 매년 기록을 갱신하고 있고, 공항은 해외여행객으로 북새통을 이룬다. 이 모순적인 행동의 원인은 뇌의 작동 방식에 있다.

첫째, 뇌는 먼 미래의 추상적 위험에 둔감하다. 눈앞의 구체적 위험(예: 맹수의 공격)에는 즉각 경보를 울리지만, '50년 후 해수면 상승' 같은 위협은 남의 일처럼 여긴다. '지금 당장'에 강박적으로 집중하는 뇌에게 미래의 재앙은 현실적인 위험 신호가 되지 못하는 것이다.

둘째, 뇌는 불확실한 미래의 큰 보상보다 즉각적인 작은 보상을 선호한다. 만약 "지금 6만 유로(약 1억 원)를 받을래? 30년 후에 250만 유로(약 40억 원)를 받을래?"라고 묻는다면 당신의 이성은 후자를 택하겠지만, 뇌는 당장의 6만 유로를 선택하라고 강하게 부추길 것이다. 수학적으로는 비합리적이지만 이것은 뇌의 본능이다.

셋째, 뇌는 얻는 기쁨보다 잃는 고통을 2배 이상 크게 느낀다. 정부가 "환경을 위해 에어컨 사용량을 줄이세요"라고 권고하면 뇌는 이를 새로운 이득이 아니라 기존의 편안함을 빼앗기는 고통으로 인식하고 강하게 저항한다. 이런 이유로, 이제 막 소비의 달콤함을 맛보기 시작한 개발도상국에 "환경을 위해 소비를 줄이라"고 요구하는 것은 "선진국은 누릴 거 다 누리고 왜 우리에게만 희생을 강요하냐"는 당연한 반발을 불러일으킬 뿐이다.

평소엔 자유, 위기엔 국가 지원 요청

개인의 욕망과 사회적 책임 사이의 이러한 모순적인 태도는 경제 정책을 둘러싼 논쟁에서도 나타난다. 주류 경제학자들과 기업 리더들은 애덤 스미스의 '보이지 않는 손'을 믿는다. 국가는 시장에 개입하지 말고, 모든 걸 시장의 자율 조절에 맡기라는 것이다. 개인의 자유와 경쟁을 통한 성장을 중시하는 지배 시스템의 전형적인 사고방식이다.

그러나 2008년 금융위기나 코로나19 같은 대형 사고가 터지면 이 이야기는 완전히 달라진다. 평소 "정부는 시장에서 손 떼라!"고 목청 높여 외치던 사람들이 가장 먼저 국가한테 손 내미는 것이다. "우리 회사가 살아야 경제가 산다", "이 기업은 너무 커서 망하게 둘 수 없다"는 식으로 말을 바꿔가며 천문학적인 구제금융을 요구한다.

도대체 왜 이런 일이 벌어질까? 위기가 닥치면 생존 본능이 모든 걸 압도하기 때문이다. 평소엔 자유이니 성취니 하며 거창하게 떠들어도, 당장 내일 회사 문 닫고 길바닥에 나앉을 수도 있다는 생각이 들면 달라지는 것이다. 어떻게든 안전망을 찾고 국가의 보호를 받고 싶어하는 균형 시스템이 경제 이론 따위는 한방에 날려버린다. 결국 우리가 처한 상황이 잠재된 감정을 깨워 모든 우선순위를 뒤바꿔놓는 셈이다.

마스크와 거리두기: 코로나가 드러낸 가치관 충돌

코로나19는 자유와 안전 사이의 갈등을 우리 일상 곳곳으로 끌고 들어왔다. "마스크 써라", "집에만 있어라", "거리 두고 살아라"는 말들이 하루 종일 귀에 박혔다. 그런데 사람들 반응이 정말 극과 극이었다. 균형 시스템이 강한 사람들은 방역 지침을 철저히 따랐다. 아예 집 밖에 안 나가는 사람도 있었고, 배달음식조차 소독약을 뿌린 후에야 집으로 가지고 들어왔다. 이런 사람들한테는 안전이 그 어떤 것보다 중요했다.

반면 자극과 지배 시스템이 강한 사람들은 아예 딴판이었다. "코로나가 뭐 대수라고", "내 자유를 침해하지 마라"며 마스크도 안 쓰고, 밤늦게까지 술자리를 갖거나 여행을 강행했다. 자유에 대한 욕구가 안전보다 우선했던 것이다.

정치권은 더 심했다. 보수 쪽에서는 "개인 자유 침해다", "경제 망친다" 하며 규제를 풀자고 했고, 진보 쪽에서는 "생명이 우선이다", "공동체 안전이 중요하다" 하며 맞섰다. 각 정당의 정치 지도자나 관련된 보건 전문가들의 발언만 비교해봐도 그 시각의 차이는 분명하게 드러났다. 한쪽은 "비과학적 규제로 경제를 죽이고 기본권을 침해한다"고 했고, 다른 쪽은 "공동체의 안전을 지키기 위한 필수 조치"라고 맞받아쳤다.

특히 밤 11시 이후 영업을 제한한다는 방역 정책은 가치관 충돌의 정점을 보여주는 사례였다. "바이러스가 11시만 되면 활발해지나?" 하는 사람들과 "그래도 모임 줄여야 확산을 막는다" 하는 사람들이 매일 싸웠다.°

　흥미로운 점은 코로나19 초기에는 모든 사람이 무서워했다는 것이다. 전 세계 대부분의 국가가 국경을 막고, 도시를 봉쇄하고, 심지어 가족 모임도 금지했다. 그밖의 삶도 이전과는 완전히 달라져 사무실이 아닌 집에서 재택근무를 하며 화상회의를 했고, 학생들은 온라인 수업을 들었다. 말도 안 되는 일들이 하루아침에 당연해졌다. 예측 불가능한 거대한 위기 상황에서는 우리 안의 균형 시스템이 다른 어떤 시스템보다도 가장 강하게 활성화되기 때문이었다.

　그러나 팬데믹이 장기화되면서 자유에 대한 갈망이 다시 강해졌다. '위드 코로나', '엔데믹' 같은 용어의 등장은 일상으로 돌아가고 싶은 사람들의 열망을 보여주었다. 결국 우리 사회는 개인의 자유와 공동체의 안전이라는 2가지 가치 사이에서 아슬아슬한 균형점을 찾아가는, 길고도 힘든 과정을 겪어야 했다.

　코로나19는 우리 사회 구성원의 가장 깊은 곳에 숨겨진 감정 구조와 가치관을 적나라하게 드러낸 거대한 실험과도 같았다. 앞

　°　한국의 경우, 밤 10시부터 영업을 제한했다. 독일의 경우, 감염률이 높은 지역을 중심으로 야간 통행금지 Ausgangssperre가 시행되었으며, 이와 연계하여 상점, 레스토랑, 술집 등은 오후 11시부터 다음 날 오전 6시까지 영업이 제한되었다.

으로도 전혀 다른 모습의 위기 속에서 자유와 안전의 갈등은 끊임없이 반복될 것이다.

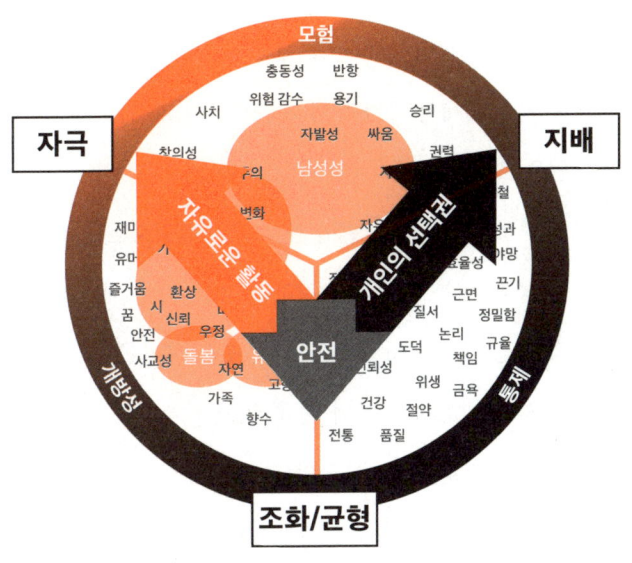

국가 시스템도 결국 라이프코드의 거대한 반영이다

우리 사회는 결국 그 안에서 살아가는 수많은 개인들로 이루어져 있다. 그렇기에 개인의 기본적인 욕구와 감정 시스템은 우리가 만든 사회 제도와 국가 시스템 전반에 자연스럽게 투영된다. 국가가 운영하는 다양한 공공 제도를 살펴보면, 그 밑바탕에 4가지 핵심 감정 시스템이 거의 그대로 반영되어 작동하고 있음을 어렵지 않게 발견할 수 있다.

- **균형 시스템: 안전과 보호를 최우선으로**

    우리 안의 균형 시스템은 언제나 보호와 안전을 책임진다. 모든 정치 이론에서 국가의 가장 근본적인 과제는 국민의 생명과 재산을 보호하고 사회 전체의 안전을 보장하는 것이다.

    이를 직접 담당하는 기관이 바로 외부 위협으로부터 나라를 지키는 군대, 내부 치안을 유지하는 경찰, 각종 재난과 사고로부터 국민을 구하는 소방서 등이다. 또한 공정한 법 집행으로 사회 정의를 실현하는 사법 체계와 국가 재정을 관리하는 조세 및 금융 시스템 역시, 사회의 질서와 예측 가능성을 보장한다는 측면에서 균형 시스템의 중요한 역할에 속한다. 우리 모두가 당연하게 누리는 공적인 보건 의료 체계도 넓은 의미에서 이 균형 시스템의 영역에 포함된다.

- **조화 시스템: 더불어 사는 공동체를 위하여**

    하지만 인간은 안전과 질서만으로 살 수 없다. 우리 사회의 보건 의료 체계는 질병으로부터 개인을 보호하려는 균형의 목표와 함께, 아픈 사람을 돌보고 약자를 보호하려는 조화 시스템의 공동체 의식이 결합된 결과다.

    종교 기관도 비슷하다. 개인에게는 마음의 평안을 주고(균형 시스템), 동시에 어려운 이웃들을 위한 자선활동이나 봉사를 통해 공동체 정신을 실천한다(조화 시스템). 최근 중요성이 커진 환경 보호 문제도 마찬가지다. 우리가 사는 터전을 지키려는 안전 욕구(균형 시스템)와 미래세대 및 다른 생명체들과 함께 살아가려는 연대감(조화 시스템)이 결합된 사례다. 가족 정책이나 청소년 보호, 사회복지 같은 것들도 모두 이런 조화 시스템에서 나온다.

- **자극 시스템과 지배 시스템: 문화와 경제의 원동력**

  사회가 발전하려면 안정뿐 아니라 새로운 변화를 향한 동력도 필요하다. 다양한 문화예술 활동은 우리에게 새로운 경험과 영감을 주며(자극 시스템), 우리가 매일 접하는 엔터테인먼트 산업의 본질 역시 우리 안의 자극 시스템을 만족시키는 데 있다. 손에 땀을 쥐게 하는 스포츠 경기는 새로운 자극과 경쟁을 통한 성취감(지배 시스템)을 동시에 제공하는 절묘한 결합이다.

  순수한 지배 시스템의 영역에서는 개인의 능력과 성과, 치열한 경쟁에서의 승리가 무엇보다 중요하게 여겨진다. 이를 가장 상징적으로 보여주는 분야가 바로 경제 시스템이다. 효율성을 최고 가치로 여기는 교통 및 디지털 인프라, 미래 인재를 길러 국가 경쟁력을 높이는 교육 시스템 또한 넓은 의미에서 지배 시스템과 깊이 연결되어 있다.

- **통제 시스템: 사회의 질서를 유지하는 힘**

    통제 시스템은 사회 질서, 규율, 예측 가능성을 중시한다. 이를 담당하는 핵심 기관은 바로 법원과 경찰이다. 공정한 법 집행을 통해 사회 정의를 실현하고 치안을 책임진다. 그리고 국가 재정을 관리하는 것도 통제 시스템의 중요한 부분이다. 중앙은행이나 금융감독기관 같은 기관들이 금융 시스템이 안정적으로 돌아가도록 관리하는 역할을 한다.

    결국 사회와 제도는 모두 사람들의 감정적 욕구를 채워주기 위해 만들어진 것이다. 국가가 어떤 욕구를 적극적으로 관리하고, 어떤 것을 개인의 자유에 맡기는지를 살펴보면, 그 사회가 뭘 가장 중요하게 생각하는지 알 수 있다.

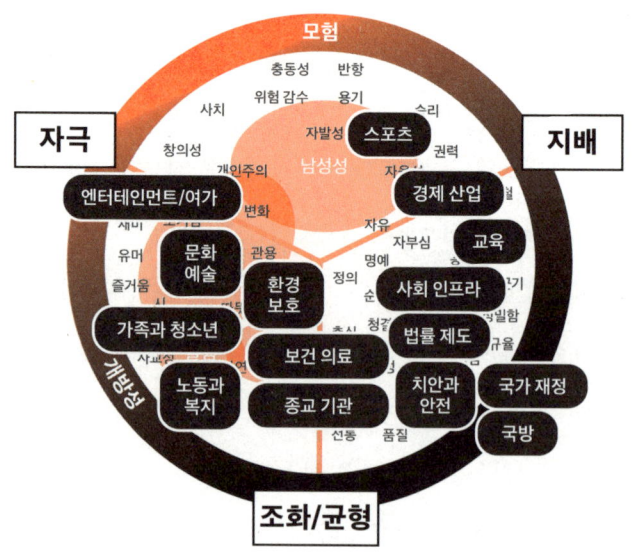

이처럼 사회의 모든 제도는 인간의 4가지 근본적인 욕구를 충족시키기 위해 조직되어 있다. 그리고 한 사회가 이 욕구들 중 어떤 것을 국가가 더 적극적으로 지원하고, 어떤 것을 개인의 자유와 책임에 맡기는지를 살펴보면 그 사회가 암묵적으로 추구하는 핵심 가치관을 엿볼 수 있다.

정당은 유권자의 어떤 마음을 사로잡는가?

정당들은 국민들의 다양한 마음을 사로잡고 지지를 얻기 위해 자신만의 정체성을 만들려고 노력한다. 각 정당이 특정 가치와 욕구를 챙겨주겠다고 약속하는 이유는 간단하다. 서로 반대되는 욕구들을 동시에 다 만족시키는 건 애초에 불가능하기 때문이다. 그래서 각 정당은 자기만의 독특한 이미지와 메시지를 계속 반복하면서 유권자들의 마음을 확보하려 한다.

예를 들어 어떤 정당은 "사회의 전통과 안전을 지키겠다"고 약속하고, 다른 정당은 "평등하고 열린 사회를 만들겠다"고 강조한다. 이는 서로 다른 감정에 호소해 지지층을 모으는 전략이다. 13장에서 본 스타벅스의 브랜딩과 아주 비슷하다.

진보와 보수: 왜 그들은 영원히 평행선을 달릴까

정치 광고를 한번 떠올려보자. 보수 정당의 광고에는 뭐가 나올까? 단란한 가족, 펄럭이는 국기, 든든해 보이는 경찰과 군인들이다. "흔들림 없는 안전한 나라", "반드시 지키겠습니다", "위대한 국민과 함께"와 같은 단호한 문구들도 자주 등장한다. 이런 이미지와 메시지들은 우리 안의 균형 혹은 통제 시스템을 정확히 노린다. 여기에 경제 이야기도 빠지지 않는다. "국민 모두가 잘사는 경제 대국을 만들겠습니다!", "국민 소득 5만 달러 시대를 열겠습니다!" 같은 구호도 자주 들린다. 이러한 강력한 경제 성장과 국가적 부강함에 대한 약속은 지배 시스템을 직접적으로 자극한다. 개인과 국가 전체의 지위, 힘, 성취를 갈망하는 마음을 정확히 건드리는 것이다. 결국 보수 정당은 '안정 속의 성장'이라는 그럴듯한 이름으로 서로 다른 감정 시스템들을 동시에 공략하는 영리한 전략을 쓴다.

진보 정당의 광고는 다양한 인종이 어울리는 모습, 미래를 꿈꾸는 젊은이들의 역동적인 이미지, 그리고 아름다운 자연과 환경 보호를 상징하는 이미지들이 자주 등장한다. 그리고 "낡은 것을 넘어 새로운 변화로", "더불어 함께", "공정한 기회"와 같은 희망적이고 미래지향적인 단어들이 반복적으로 강조된다. 이는 주로 새로운 가능성에 대한 개방성과 공동체의 연대를 중시하는 조화 시스템을 자극하려는 전략이다.

아주 재미있는 사실은, 대부분의 사람이 자신의 정치적인 성향이나 지지하는 정당을 선택할 때, 각 정당이 내세우는 복잡하고 어려운 정책들을 하나하나 꼼꼼하게 분석하고 이성적으로 판단하지 않는다는 점이다. 이보다 훨씬 더 원초적이고 감정적인 반응에 따라 결정하는 경우가 많다. 연구에 따르면, 유권자는 정책을 꼼꼼히 분석하기보다 "이 정당이 나와 같은 부류인가?", "저 후보의 생각이 나와 비슷하다"는 감정적 일치감으로 선택한다. 그래서 보수 가정에서 자란 아이는 보수 정당을, 진보 가정에서 자란 아이는 진보 정당을 지지할 가능성이 높다. 대도시와 농촌의 정치적 성향 차이도 지역의 생활방식과 문화가 강화한 특정 감정 시스템에서 비롯됐을 가능성이 크다.

또 한 가지 흥미로운 현상이 있다. 그것은 바로 나이가 들며 많은 사람이 점점 보수화되는 경향이 있다는 점이다. 젊은 시절에는 자극 시스템이 강하다가, 나이 들며 안정과 전통을 중요하게 생각하는 균형 시스템의 영향력이 커진다. 물론 모든 사람이 반드시 이런 패턴을 따르는 것은 아니지만, 이는 종종 세대 간의 정치적 갈등의 원인이 된다.

이렇게 서로 다르고, 때로는 정반대인 감정들 사이에서 아슬아슬하게 균형을 잡으려는 게 중도 정당이다. 하지만 이게 말처럼 쉬운 일이 아니다. 이쪽저쪽 다 만족시키려다 보면 오히려 양쪽에서 "줏대도 없다", "회색분자다"라는 소리를 듣기 십상이다. 균형과 자극, 통제와 개방성은 애초에 서로 안 맞기 때문이다.

중도 정치: 극단으로 치우치지 않도록

극단으로 치우친 정치는 종종 화려하고 자극적이며 대중의 시선을 단번에 사로잡지만, 장기적인 안정과 지속 가능한 발전은 결국 어느 한쪽으로 치우치지 않는 중도적인 정치에서 비롯되는 경우가 많다. 중도 정치는 다양한 감정 시스템의 상충하는 요구 사이에서 균형을 유지하며, 극단적인 이념으로부터 사회를 보호한다.

실제로 안정적인 민주주의 국가들을 보면, 중도 정치가 중심을 잡고 있는 경우가 많다. 중도 우파와 중도 좌파 정당들이 서로 경쟁하고 때로는 손잡고 번갈아 집권하면서 사회 균형을 맞춰간다. 이런 나라들에서는 한쪽이 정권을 잡는다고 해서 기존 시스템이 하루아침에 무너지거나 극심한 혼란에 빠지는 일이 거의 없다.

물론 미국의 도널드 트럼프처럼 기존의 모든 정치 문법을 완전히 무시하고 오직 지배 시스템만 호소하며 열성적인 지지 기반을 얻고 때로는 선거에서 승리하는, 다소 특이하고 예측 불가능한 사례도 존재한다. 하지만 동시에 그는 그 과정에서 강한 반대와 사회 분열을 초래했다. 이는 그의 일방적인 스타일이 다른 라이프코드의 집단 반발을 일으켰기 때문이다. 반면 독일의 안젤라 메르켈은 균형과 조화 시스템을 바탕으로 장기적 안정을 추구했다. 트럼프의 자극적인 접근과 메르켈의 안정적인 접근은 각기 다른 라이프코드 전략이 사회와 시대에 어떤 영향을 미쳤는지 보여주는 흥미로운 비교 사례가 될 것이다.

지금 당신의 나라에서는 어떤 정당이 정권을 잡고 있는가? 그들은 어떤 핵심 감정을 자극하여 선거에서 승리했을까? 그들의 핵심 가치나 정책 방향 그리고 대중과 소통하는 방식은 지배 시스템, 균형 시스템, 자극 시스템, 조화 시스템 중 어디에 가장 가까운가?

LIFECODE NOTE 15

1. 정치적 대립은 서로 다른 라이프코드 시스템의 가치와 욕구의 충돌에서 비롯된다.
2. 사회의 안정과 발전은 중도에서 다양한 라이프코드 욕구의 균형을 찾으려는 정치적 노력 속에서 이루어진다.
3. 라이프코드를 이해하면 갈등의 본질을 꿰뚫고 더 나은 공동체를 위한 통찰을 얻는다.

16장

애플은 매일, 교회는 100년에 한 번 혁신한다

"우리 회사는 감정이 아니라 데이터와 전략으로 움직입니다."

회색 정장을 입은 대기업 임원 A씨의 말이다. 그는 그래프와 숫자가 빼곡한 사업 계획서를 펼쳐 보이며, 모든 결정이 치밀하고 합리적인 판단의 결과라고 단언한다. 그의 세계에는 감정이나 직관이 비집고 들어올 틈이 없어 보인다. 그는 스스로를 철저히 이성적인 사람이라고 굳게 믿고 있다.

하지만 잠시 생각해보자. 그가 절대적으로 신뢰하는 매출과 이익이라는 숫자는 어디에서 왔을까? 그것은 이름도 얼굴도 모르는 수많은 고객의 마음이 움직여 지갑을 연 결과다. 앞서 13장에서 살펴보았듯, 고객은 단순히 필요나 이성적 판단만으로 돈을 쓰지 않는다. 어떤 제품이나 서비스가 그들의 깊은 감정적 욕구, 즉 라이프코드를 정확히 건드렸을 때 비로소 구매가 일어난다. 결국 A씨가 "데이터로 고객이 원하는 것을 확인한다"고 아무리 주장한들, 그가 보는 데이터는 숫자로 포장된 고객의 감정에 지나지 않는다.

그렇다면 유능한 경영자들은 왜 이토록 숫자에 집착하는 것일까? 단순히 합리적인 분석을 위해서만은 아니다. 그 이면에는 감정적 동기가 있다. 숫자는 미래의 불확실성을 통제할 수 있다는 환상을 심어주고, '내가 이 복잡한 상황을 관리하고 있다'는 안도감을 제공한다. 결국 숫자와 데이터에 대한 집착은 그들 내면에 있는 균형과 통제 시스템의 본능적인 욕구를 충족시키는 아주 효과적인 수단인 셈이다. 고객의 변덕스럽고 예측 불가능한 마음을 숫자라는 명확한 지표로 파악하고 관리할 수 있다고 믿는 순간, 경영자는 비로소 안도의 한숨을 내쉰다.

라이프코드로 바라본 회사의 경영 전략

숫자와 데이터, 화려한 경영 전략이라는 가면 뒤에 숨은 진짜 동기를 들여다보자. 세계 최고의 기업들 역시 4가지 감정 시스템의 강력한 영향 아래 움직인다. 믿기 어렵다면, 구체적인 사례를 통해 그 증거를 살펴보자.

- **지배 시스템: 아마존의 '정글의 법칙'**

    "세상에서 가장 고객 중심적인 기업이 되겠다"라는 미션 뒤에는, 아마존의 강렬한 지배 본능이 자리 잡고 있다. 제프 베조스의 '데이 원Day One' 철학은 그 본능의 출사표다. "오늘은 언제나 창업 첫날이다." 이는 회사를 창업 첫날의 긴장감 속에 두어, 시장에서 가장 빠르게 움직이며 끊임없이 혁신하겠다는 철학이다. 베조스에게 '데이 투Day Two'는 안일함과 정체, 나아가 시장에서의 도태와 소멸을 의미했다.

생존과 성장을 향한 이 집요함은 아마존 내부를 냉혹한 투기장으로 만들었다. 한때 아마존은 모든 직원의 성과를 상대 평가로 줄 세우고, 하위 그룹을 의무적으로 해고하는 가혹한 제도를 운영하기도 했다. 이것이야말로 무한 경쟁으로 조직을 채찍질하며 시장을 장악하고 경쟁자들을 압도하려는 지배 시스템이 기업 문화로 발현된 것이다. 그 결과, 아마존은 전 세계 온라인 커머스 시장의 절대 강자로 자리매김했다.

- **자극 시스템: 테슬라, 자동차 산업의 룰 브레이커**

    100년간 굳건했던 자동차 산업의 성벽은 테슬라에 의해 허물어졌다. "전기차는 느리고 지루하다"는 고정관념을 비웃듯, 테슬라는 람보르기니보다 빠른 패밀리 세단을 세상에 내놓았다. 수십 개의 버튼과 계기판으로 뒤덮인 운전석을 거대한 태블릿 하나로 대체한 것은 "과거의 문법은 이제 끝났다"는 도발적인 선전포고였다.

    테슬라는 자동차를 바퀴 달린 거대한 스마트폰으로 재창조했다. 무선 소프트웨어 업데이트OTA는 "새 기능을 원하면 신차를 사라"는 낡은 비즈니스 모델을 박살 냈고, 딜러망을 건너뛴 온라인 직접 판매는 복잡한 구매 경험에 지친 소비자의 오랜 불만을 단숨에 해결했다. 모든 것이 '왜 안 되는가?'라는 질문에서 시작된 파격이었다.

테슬라의 기업 문화는 자극 시스템 그 자체다. 일론 머스크는 "불가능해 보이는" 목표를 던져 직원들을 한계까지 밀어붙인다. 공장 직원들을 위한 롤러코스터를 설치하자는 제안과 화성에 인류를 보내겠다는 그의 꿈은 누군가에겐 허무맹랑한 소리지만, 테슬라 안에서는 세상을 바꿀 현실적인 미션이 된다. 테슬라가 판매하는 것은 단순한 이동 수단이 아니다. 그것은 낡은 규칙을 깨는 짜릿함, 미래를 현재로 소환하는 설렘 그리고 불가능이 현실이 되는 혁명의 경험이다.

- **균형 시스템: 독일 기업들의 '안정의 예술'**

메르세데스-벤츠와 BMW가 100년 넘게 세계 시장의 정상을 지켜온 비결은 무엇일까? 그 근간에는 균형 시스템이라는 견고한 철학이 자리 잡고 있다. 테슬라가 아찔한 혁신으로 질주할 때, 독일 기업들은 완벽한 품질과 절대적 안정성이라는 길을 묵묵히 걸어왔다. 벤츠의 슬로건 "최고가 아니면, 만들지 않는다The Best or Nothing"는 광고 문구를 넘어선 생존의 신조다.

독일 자동차의 개발 과정은 타협을 모른다. BMW가 신모델 하나를 위해 5년 전부터 밑그림을 그리고, 폭스바겐이 북극의 혹한과 사막의 폭염을 견디는 테스트를 반복하는 이유는 단 하나, "자동차는 결코 멈춰 서서는 안 된다"는 확고한 믿음 때문이다. 이들에게 진정한 성공이란 10년, 20년이 지나도 변치 않는 신뢰를 고객에게 선사하는 것이다.

독일의 '미텔슈탄트Mittelstand'º라 불리는 중소기업들도 이런 균형 시스템의 정수를 보여준다. 대부분의 사람들은 그 이름조차 잘 모르지만, 특정 부품이나 소재 시장의 70~80%를 조용히, 그러나 아주 확고하게 차지하고 있는 숨겨진 강소기업들이 아주 많다. 이들의 성공 비결은 의외로 간단하다. 수십 년, 혹은 100년을 넘어 오직 한 가지 제품을 완벽의 경지로 끌어올리는 것이다. 세대를 이어 회사를 경영하며 "단기 이익보다 다음 세대를 위한 안정적인 토대를 물려주겠다"고 다짐하는 그들의 모습이야말로, 반짝이는 변화보다 변치 않는 신뢰를 추구하는 독일식 성공의 핵심이다.

○ 독일의 중소기업군을 지칭하는 용어로, 주로 가족 소유 기업 형태를 띠며 장기적인 경영 전략과 지역사회에 대한 책임감을 바탕으로 운영된다. 이들은 뛰어난 기술력과 전문성을 토대로 지속가능한 성장을 추구하며, 독일 경제의 핵심축 역할을 하고 있다.

- **조화 시스템: 파타고니아, 바람이 불면 서핑하러 가는 회사**

세계적인 아웃도어 브랜드 파타고니아는 기업이 이윤을 넘어선 가치를 품을 수 있다는 살아 있는 증거다. "우리는 지구를 지키기 위해 사업을 한다." 이 미션은 그저 듣기 좋으라고 만든 말이 아니다. 파타고니아는 매년 매출의 1%를 전 세계 환경 단체에 기부하고, "제발, 이 재킷을 사지 마세요"라며 불필요한 소비 자체에 의문을 던진다. 이들의 행보는 일반적인 기업 논리로는 도저히 이해하기 힘든 아름다운 반란이다.

파타고니아의 직장 문화도 독특하다. 창업자 이본 쉬나드는 서핑광이었던 자신의 경험을 바탕으로 "파도가 좋을 때는 서핑하러 가라"는 정책을 만들었다. 직원들은 좋은 파도가 치면 중요한 회의 중에도 서핑을 즐길 수 있다. 파타고니아에게 성공이란 재무제표의 숫자가 아니라 동료와 공동체 그리고 자연과 맺는 깊은 유대감이다. 40년의 역사는 이것이 계산된 마케팅이 아닌 뼈에 새겨진 신념임을 증명한다.

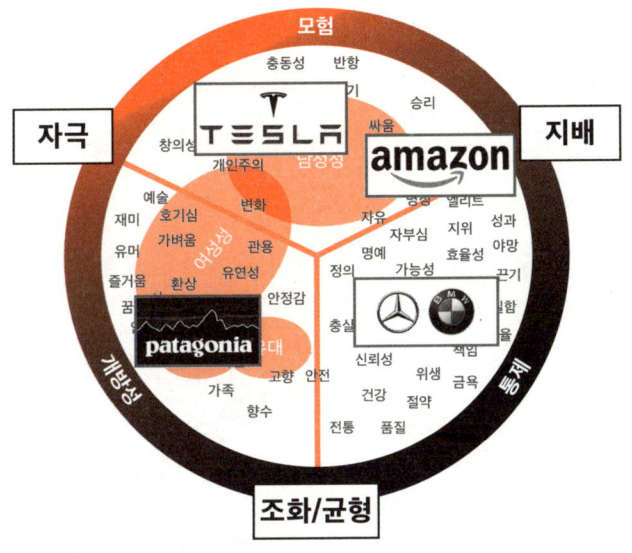

    그렇다면 왜 테슬라는 '자극'을, 파타고니아는 '조화'를 핵심 가치로 삼았을까? 이는 시장 전략을 넘어, 창업주와 리더들이 중요하게 여기는 가치, 즉 라이프코드가 기업 전체에 투영된 결과다. 그들이 추구하는 감정적 가치는 기업의 비전, 문화, 제품 디자인, 마케팅 등 기업의 모든 활동에 자연스럽게 스며든다.

    이렇게 형성된 라이프코드는 강력한 브랜딩으로 이어져 비슷한 가치관을 지닌 고객들을 자석처럼 끌어당긴다. 애플의 신제품을 밤새 기다리는 팬덤, 파타고니아의 철학에 공감하며 기꺼이 지갑을 여는 지지자들이 그 증거다. 소비자는 제품의 기능을 넘어, 브랜드가 전하는 가치와 철학에 공명하며 구매를 결정한다.

그러나 위대한 기업은 단 하나의 감정 시스템만으로 완성되지 않는다. 성공한 기업들의 면면을 깊이 들여다보면 지배, 자극, 균형, 조화라는 4가지 시스템이 서로를 견제하며 균형을 이루고 있음을 발견하게 된다. 결국 위대하고 지속 가능한 기업이란 이 4가지 상반된 시스템 사이에서 자신만의 완벽한 균형점을 찾아낸 기업이다.

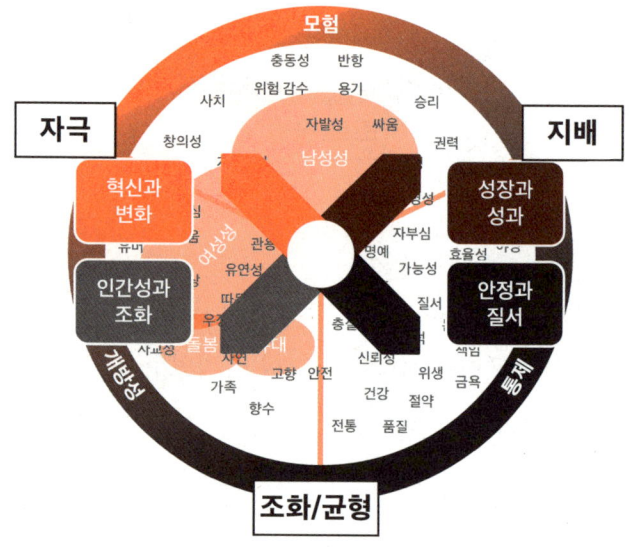

회사에서 매일 벌어지는 전쟁

위 그림을 다시 보자. 4가지 핵심 동력인 혁신과 변화, 성장과 성과, 안정과 질서, 인간성과 조화는 조직을 서로 다른 방향으로 끌어당긴다. 이는 무엇을 의미할까? 개인의 내면처럼, 기업 역시 다양한 목표와 욕구가 충돌하는 공간이라는 뜻이다.

한 가지 성향으로 치우친 사람이 드물듯, 장기적으로 성공하는 기업도 단일 감정 시스템만으로 운영될 수 없다. 혁신을 외치는 테슬라조차 회계나 세무 관리 같은 균형 시스템 없이는 하루도 버티기 어렵다. 극한의 성과를 추구하는 아마존이라도, 오직 성과만 중시하는 사람들로만 조직이 구성되었다면 내부 마찰로 자멸했을지 모른다.

치열한 시장에서 생존하고 성장하려면, 이 상충하는 감정 시스템들이 공존하며 긴장과 협력을 반복해야 한다. 이 다름의 공존은 조직 내에서 매일 크고 작은 갈등을 낳는다. 부서 간의 다른 목표, 엇갈리는 우선순위, 한정된 자원을 둘러싼 미묘한 충돌이 바로 그것이다. 이제 이 갈등이 벌어지는 대표적인 지점들을 살펴보자.

기획자는 하늘을, 개발자는 땅을 본다

첫 번째 충돌은 자극 시스템과 균형 시스템 사이에서 발생한다. 회사에서 이런 장면을 본 적 있을 것이다. 기획 부서의 누군가가 "혁신적인 아이디어가 있습니다!"라며 열정적으로 발표하는 순간, 개발팀, 디자인팀, 그리고 재무팀의 표정은 서서히 굳어진다.

기획자는 장밋빛 미래와 성공을 꿈꾸지만, 이를 구현해야 하는 팀은 현실적인 문제에 부딪힌다. "기존 시스템을 다 뜯어고쳐야 하나? 서비스 안정성은 어떻게 보장하지?" "이 막대한 비용은 어디서 충당한단 말인가?" 회의는 뚜렷한 결론 없이 끝나고, 모두 지친 채 다음 미팅 일정만 잡는다.

이것이 바로 창의와 혁신을 추구하는 자극 시스템과 안정과 질서를 중시하는 균형 시스템의 대표적인 충돌이다. 어느 한쪽의 일방적인 승리는 조직을 위험에 빠뜨린다. 혁신만 좇다가는 방향을 잃고 표류하게 되며, 안정만 고집하다가는 시장의 변화에 뒤처져 도태될 뿐이다.

성과를 내라! 하지만 행복하게!

또 하나의 흔한 목표 충돌은 지배 시스템과 조화 시스템 사이에서 나타난다. 지배 시스템은 끊임없는 성장과 성과를 위해 조직을 압박하는 반면 조화 시스템은 인간적인 관계와 직원의 정서적 안정을 중시한다.

이 두 시스템의 가치관 차이는 기업 문화에 뚜렷이 드러난다. 실리콘밸리의 스타트업이나 기술 기업에서는 지배와 자극 시스템이 강하게 작용하여 빠른 변화와 높은 성과를 요구한다. 이런 곳에서는 "오늘 입사해서 내일 해고될 수도 있다"는 살벌한 농담이 때로는 냉혹한 현실이 되기도 한다. 반면 전통적인 대기업이나 공기업에서는 조화 시스템이 두드러진다. 노동조합의 힘이 강력하고, 큰 잘못을 저지르지 않는 한 정년이 보장되며, 직원의 복지와 삶의 질이 중요한 가치로 여겨진다.

지배 시스템이 과도한 조직에서는 직원들이 극심한 스트레스와 번아웃으로 하나둘 조직에 등을 돌리고 반발하게 될 가능성이 크다. 아무리 뛰어난 능력으로 높은 성과를 내던 핵심 인재라도, 어느 날 갑자기 사표를 던지는 일이 빈번하다. 반대로 조화 시스템이 지나치게 강한 조직에서는 "입사만 하면 정년이 보장된다"는 안일함이 퍼져 직원들이 도전을 멈추고 나태해질 수 있다.

결국, 혁신을 외치는 목소리(자극 시스템)와 안정을 지키려는 목소리(균형 시스템)의 충돌, 그리고 성과를 향해 질주하려는 힘(지배 시스템)과 사람을 보듬으려는 힘(조화 시스템) 사이의 갈등은 모든 조직의 숙명과도 같다. 어느 한쪽의 완전한 승리는 조직을 병들게 한다. 기획자가 하늘만 보고, 개발자가 땅만 보고, 경영진이 성과만 밀어붙이고, 인사팀이 복지만 외친다면 그 조직은 결국 제자리에 멈춰 설 것이다.

그렇다면 이러한 복잡한 상황 속에서 경영자의 진짜 역할은 과연 무엇일까? 목표 설정과 자원 배분을 넘어, 이러한 긴장을 성장의 동력으로 전환하는 데 있다. 서로 다른 라이프코드를 가진 부서와 구성원의 차이를 이해하고, 건설적인 소통의 장을 마련해야 한다. 혁신을 안정적으로 구현하고(자극+균형 시스템), 높은 목표를 향해 나아가면서도 서로를 격려하는 문화(지배+조화 시스템)를 만드는 것이 갈등을 시너지로 바꾸는 길이다. 정답은 없지만, 조직의 라이프코드 균형점을 찾아 전략을 세우는 것이 핵심이다.

2,000년 차이의 성공 비교: 애플 vs 가톨릭 교회

이제 극단적으로 다른 두 조직, 애플과 가톨릭 교회가 4가지 감정 시스템의 균형을 어떻게 맞추는지 살펴보자.

　세계에서 가장 성공한 조직을 묻는다면 많은 이가 애플을 꼽을 것이다. 하지만 2,000년의 역사를 지닌 가톨릭 교회 역시 이에 못지않은 거대한 조직이다. 두 조직 모두 인류가 만든 위대한 기관이지만 목표는 다르다. 가톨릭 교회는 신앙을 통해 현세와 내세의 안정을 제공하고, 애플은 혁신적인 제품으로 디지털 시대의 삶을 풍요롭게 한다.

　애플의 시가총액은 약 1.3조 유로(한화 약 2,000조 원)다. 가톨릭 교회의 자산(돈, 부동산, 예술품)은 정확한 규모를 알기 어려우나, 그에 필적하거나 능가할 것으로 추정된다. 그러나 기업의 성공은 현재 시가총액뿐 아니라, 지속성으로도 평가된다. 창립 후 50년이 된 애플도 인류사에서는 신생 기업에 가깝지만, 카톨릭 교회는 2,000년간 수십억 명의 삶에 영향을 미쳤다. 이 대조적인 두 조직의 라이프코드는 어떻게 다를까?

애플: 혁신이 아니면 죽음을 달라

애플의 역사는 스스로를 파괴하고 재창조하며 시장의 혁신을 이끌어온 기록이다. 매킨토시, 아이팟, 아이폰, 아이패드는 단순한 기기가 아니라 시장의 판도와 우리의 생활 방식을 뒤바꾼 혁신의 상징이다.

이 치열한 경쟁 환경에서 살아남기 위해, 애플은 높은 자극 시스템과 강력한 지배 시스템을 유지한다. 직원들에게 "기대치의 110%를 넘어서는 성과"를 기대하며 극한까지 몰아붙이는 것은 생존과 성공을 위한 필연적 선택이다. 반면 조화 시스템은 상대적으로 약하다. 목표를 달성하지 못했을 때 관용보다는 책임 추궁이 앞서고, 부서 간의 치열한 경쟁과 비밀주의는 스티브 잡스 시절부터 이어진 문화다.

균형 시스템도 의도적으로 최소화된다. 애플은 복잡한 관료주의 대신 소규모 프로젝트 팀으로 기민하게 운영된다. 의사 결정은 빠르고 최고 경영진이 세부 사항까지 직접 관여하며 위계보다 실력과 아이디어가 존중된다. 형식적 절차보다 속도와 민첩성, 세상을 놀라게 할 혁신을 최우선으로 두는 것이다.

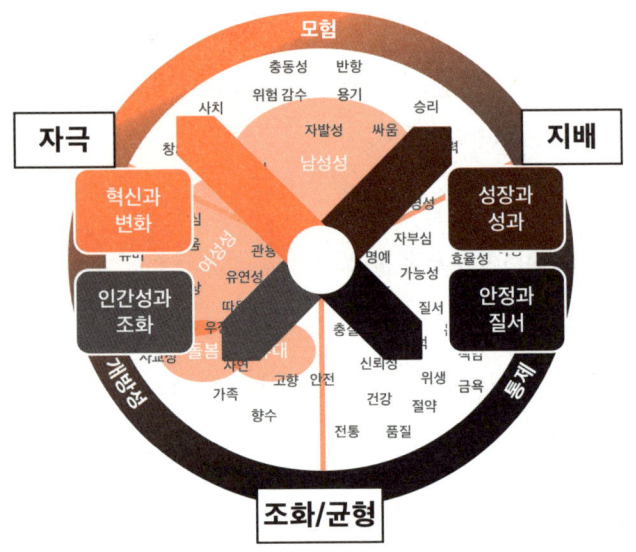

가톨릭 교회: 2,000년을 지켜온 불변의 힘

혁신이라는 잣대로 보면 카톨릭 교회는 애플의 정반대에 서 있다. 큰 변화는 수십 년, 혹은 100년 주기로 일어난다. 신자들에게 '영원한 진리'와 안식처를 약속하는 기관으로서, 일관성과 불변성은 존재의 핵심이기 때문이다. 따라서 균형 시스템이 조직의 가장 중요한 동력으로 작용한다.

조화 시스템 역시 매우 강하다. 전 세계 수많은 가톨릭 자선단체의 헌신적인 활동이 이를 증명한다. 과거 십자군 전쟁이나 강제 선교처럼 지배 시스템이 강했던 시대도 있었으나 현대에 이르러 그 영향력은 중간 수준으로 완화되었다.

자극 시스템은 가장 약하다. 교리나 예식의 잦은 변경은 조직의 근간인 영원성과 안정성을 훼손할 수 있기 때문이다. 물론 젊은 세대를 위한 현대적인 성가 도입이나 프란치스코 교황의 파격적인 소통처럼 제한적인 자극 요소는 존재한다. 그러나 이마저도 균형과 조화라는 큰 틀 안에서 신중하게 적용될 뿐이다.

웅장한 성당 건축이나 장엄한 종교 음악 자체가 주는 감각적인 경험 역시 신자들에게 정서적 자극을 제공하기도 한다. 하지만 이러한 요소들은 교회 전체를 지배하는 강력한 균형과 조화의 틀 안에서 매우 제한적이고 점진적으로 허용될 뿐이다.

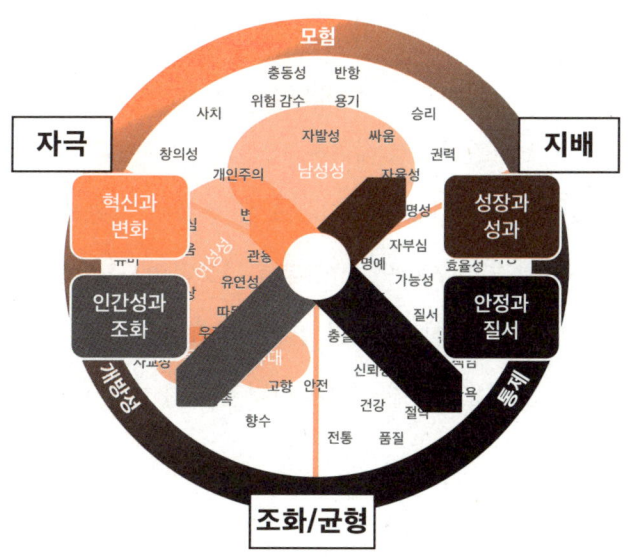

애플과 카톨릭 교회는 전혀 다른 방식으로 운영되지만, 각자의 라이프코드를 놀라울 만큼 일관되게 유지한다는 공통점이 있다. 애플 내부에서 혁신을 멈추자고 말하는 것은 자살 행위와 같고, 카톨릭 교회에 급격한 변화를 요구하는 것은 2,000년의 정체성을 부정하는 것과 같다. 성공의 유일한 공식은 없다. 자신만의 라이프코드 균형점을 찾아, 그것을 집요하게 지켜나가는 것이 핵심이다.

당신의 회사는 어떠한가

당신이 다니고 있는 회사의 라이프코드는 어떠한가? (회사를 다니고 있지 않다면, 좋아하는 기업 하나를 떠올려보자.) 회사의 핵심 가치와 전략을 라이프코드 관점으로 해석해보면, 의외의 통찰을 얻을 수 있다. 혁신을 강조하면서도 실제로는 모든 변화에 저항하는 모순된 기업 문화를 발견할 수도 있고, 성과를 강조하면서도 실제로는 조화와 관계를 더 중시하는 문화를 발견할 수도 있다. 회사의 장점은 살리고, 단점은 보완하려면 어떻게 하면 좋을지 생각해보자.

LIFECODE NOTE 16

1. 모든 조직의 경영 전략은 그 조직의 고유한 라이프코드를 반영한다.

2. 4가지 감정 시스템은 조직 내에서 필연적으로 충돌하지만, 진정한 성공은 이 긴장 속에서 자신만의 균형을 찾을 때 시작된다.

3. 가장 이상적인 균형이란, 약점을 보완하는 것을 넘어 자신의 강점을 가장 선명하게 만드는 것이다.

17장

라이프코드를 이해한 당신에게 필요한 마지막 열쇠

이제 이 길고도 다소 혼란스러웠을지 모를 이야기의 마지막 페이지에 도달했다. 우리는 지난 30억 년간 우리 안에서 끈질기게 진화해 온 라이프코드가 얼마나 강력하고 교묘하게 삶을 좌우하는지 확인했다. 이 코드는 개인의 삶부터 사회 구조까지 모든 영역에 작용하며 인류를 여기까지 이끌었다. 그런데 이 시스템에는 치명적인 결함이 있다. 바로 우리 스스로 이룩한 세상을 파괴할 수도 있다는 점이다.

이성은 "멈추라" 경고하지만, 욕망은 "더 새롭고 많은 것!"을 외친다. 이 충돌은 기후 위기, 사회 갈등, 인종 혐오, 개인의 우울과 같은 문제들을 우리 삶 곳곳에 깊이 스며들게 했다. 문명의 발전은 지구를 병들게 하고, 소통 기술의 진보는 오히려 인간을 더 외롭게 만들었다.

문제의 심각성을 알면서도 삶을 바꾸지 못하는 이유는 무엇일까? '인간은 이성의 동물'이라는 낡은 신화를 버리지 못하기 때문이다. 매 순간 현실은 이 믿음을 배반하지만 우리는 이 안락한 환상에서 좀처럼 벗어나려 하지 않는다. 사람들은 자주 비합리적인 선택을 한다. 개인적으로는 감정에 휘둘리거나 당장의 이익에 현혹되어 장기적으로 해로운 결정을 내린다. 사회적으로는 민주주의가 약화되고 권력욕과 탐욕이 판치는 현상을 그저 지켜볼 뿐이다. 마음 한구석에서는 '이건 아닌데…' 싶으면서도, 결국 어제와 같은 방식으로 익숙한 관성에 기대어 오늘을 살아간다.

하지만 세상을 움직이는 진짜 힘은 냉철한 이성이 아닌 원초적이고 강렬한 감정이다. 평생을 물속에서 살아온 물고기가 어느 날 갑자기 "물이 뭐예요?"라고 묻듯, 우리는 자신을 둘러싼 거대한 감정의 바다에 살면서도 그 힘을 인지하지 못한 채 살아간다.

다행히 인간에게는 자신과 세상을 성찰하는 능력이 있다. 그래서 나는 여기서 '완벽하게 이성적인 인간'이라는 신화 대신 '통찰하는 인간'이라는 새로운 인간상을 제안한다. 통찰하는 인간은 자신이 생각만큼 합리적이지 않음을 인정하고, 감정의 작동 원리를 이해해 무방비로 휘둘리지 않는 사람이다. 이는 파도를 막으려 애쓰는 대신 그 흐름을 읽어 노를 젓는 숙련된 뱃사공의 지혜와 같다.

우리는 자신의 라이프코드를 이해함으로써 때로는 뇌의 부당한 명령에 맞서고, 때로는 그 흐름과 함께 유쾌하게 춤출 수 있는, 생각보다 훨씬 자유롭고 창의적인 존재다. 이것이 바로 우리가 이 책을 통해 함께 찾아낸 자유의 시작점이다.

이제 우리 자신에서 출발해, 더 넓은 사회로 시선을 확장하며 그 자유를 실현할 몇 가지 제안을 남기고자 한다.

행복 제언

- **원칙 ① 욕망의 굴레에서 벗어나라**

    우리 뇌는 끊임없이 '더'를 외치는 욕망의 기계다. 하지만 행복의 비밀은 역설적이게도 간헐적 절제에 있다. 아무리 맛있는 산해진미라도 매일 먹으면 특별함을 잃고 지루한 일상으로 전락하고 만다. 의도적인 결핍을 통해 우리는 일상의 소중함을 깨닫고 사소한 것에서 더 큰 기쁨과 감사를 발견할 수 있다.

    가령 스마트폰을 하루쯤 의식적으로 멀리해보는 것은 어떨까? 처음에는 분명 어색하고 불편할 것이다. 하지만 작은 절제의 경험들이 장기적으로는 당신에게 훨씬 더 큰 정신적, 육체적 만족과 행복을 가져다줄 수 있다.

- **원칙 ② 내 안의 양면성을 끌어안아라**

    우리 안에는 안전을 추구하는 마음과 모험을 갈망하는 마음, 소속감을 원하는 동시에 자유롭고 싶은 욕구가 공존한다. 문제는 '이것이 아니면 저것'이라는 이분법적 사고방식이다. 내면의 상충하는 목소리들은 성장을 위한 자연스럽고 필수적인 과정임을 받아들여야 한다.

남들이 모두 열심히 산다는 이유로 자신을 '더, 더!' 몰아붙이면 결국 번아웃에 이르게 된다. 반대로 자녀를 너무 사랑한 나머지 온실 속 화초처럼 키우면 아이는 홀로서기할 힘을 잃고 만다. 중요한 것은 어느 한쪽을 선택하고 다른 쪽을 틀렸다고 단정하는 것이 아니라 우리 안의 두 목소리 모두가 삶에 균형을 위해 필요하다는 사실을 인정하는 것이다.

- **원칙 ③ 자신만의 중심을 지켜라**

    아리스토텔레스가 말했듯, 모든 미덕은 중용에 있다. 오늘날 우리가 자주 이야기하는 워라밸도 본질적으로 이 원리에서 비롯된다. 하지만 중용은 한 번 설정하면 끝나는 고정된 좌표가 아니다. 우리를 둘러싼 환경과 내면의 상태가 끊임없이 변화하기 때문에 균형 역시 매 순간 새롭게 조율해야 하는 살아있는 과정이다. 삶의 시기와 상황에 따라 자신만의 최적점을 유연하게 찾아가라.

- **원칙 ④ 다름을 존중하고 다양성을 활용하라**

    취향, 선호, 가치관의 차이는 각기 다른 감정 시스템에서 비롯된다. 어떤 성향이 절대적으로 우월하거나 열등한 것은 없다.

나와 다른 선택을 하는 사람은 틀린 것이 아니라 그저 다른 감정의 지도를 따르고 있을 뿐이다.

한 종류의 꽃만으로 채워진 단조로운 정원을 상상해보자. 처음에는 깔끔하고 아름다워 보일지 몰라도, 단 한 번의 병충해나 환경 변화에도 속수무책으로 황폐해진다. 반면 다양한 식물들이 어우러진 정원은 어떨까?

다양성은 위험을 분산시킨다. 한 종류의 식물이 특정 병충해에 쓰러져도, 다른 종들은 굳건히 살아남는다. 뿌리를 내리는 깊이도 제각각이어서 흙의 영양분을 층층이 나누어 쓰고, 어떤 식물은 해충의 천적을 불러들이며, 또 어떤 식물은 이웃 식물의 성장을 돕는 물질을 분비하기도 한다. 겉보기엔 무질서해 보여도, 이 복잡한 상호작용이야말로 정원에 그 어떤 위협에도 쉽게 무너지지 않는 강인한 생명력을 불어넣는다. 인간 사회도 이 정원과 같다.

- **원칙 ⑤ 자신을 있는 그대로 받아들여라**

이제 완벽한 누군가가 되려는 노력을 멈추어도 좋다. 걱정이 많다는 것은 그만큼 신중하다는 뜻이고, 때로 충동적이라면 그만큼 열정적이라는 의미다.

미국의 영화배우 모건 프리먼은 78세의 나이에 인터뷰에서 이런 말을 남겼다.

"내가 20대였을 때는 다른 사람들이 나를 어떻게 생각하는지 신경 썼다. 40대가 되자 더 이상 다른 사람들이 나를 어떻게 생각하는지 신경 쓰지 않았다. 60대가 되었을 때 나는 깨달았다. 다른 사람들은 애초에 나를 생각하지 않고 있었다는 것을."

그의 말처럼, 우리를 옭아매는 것은 타인의 시선이 아니라 그 시선을 의식하는 우리 자신일지 모른다. 사회의 획일적인 기준에서 벗어나 장점과 단점을 모두 끌어안고 자신을 온전히 긍정하는 것, 바로 여기에서 진정한 자유가 시작된다.

• 원칙 ⑥ 승리의 나선에 올라타고 패배의 함정에서 벗어나라

작은 성공이 더 큰 성공을 부르는 선순환의 힘은 생각보다 강력하다. 아침 침대 정리 같은 사소한 성취가 하루의 에너지가 된다. 이 승리의 나선 원리를 당신의 삶에 의식적으로 활용해보는 것은 어떨까? 주변 사람들의 승리의 나선을 함께 만들어가는 조력자가 되는 것도 중요하다. 아이의 그림을 진심으로 칭찬하고, 동료의 노력을 구체적으로 인정하며, 배우자의 작은 수고에 감사를 표현하라. 이런 작은 인정과 칭찬 한마디가 상대의 자존감과 행복을 키우는 소중한 씨앗이 된다.

반대로 실패가 실패를 부르는 악순환도 있다. 자신을 끊임없이 깎아내리는 환경, 아무리 노력해도 부정적인 피드백만 돌아오는 관계, 성공의 기회조차 주어지지 않는 불공정한 상황은 자존감을 갉아먹고 무기력 속으로 밀어 넣는다. 이런 환경에서 당신의 건강을 지키기 위해 부당한 요구에는 단호히 "아니오!"라고 말해야 한다. 의미 없는 직장, 학대적인 관계, 당신을 깎아내리는 사람들… 이런 환경에 오래 머물지 마라. 시간이 지날수록 자존감은 더 낮아지고, 벗어날 힘마저 약해진다. 아직 에너지가 남아 있을 때 용기를 내어 그곳을 떠나야 한다.

- **원칙 ⑦ 입장을 바꿔서 생각하라**

상대방의 말이나 행동이 낯설게 느껴질 때, 잠시 멈추고 스스로에게 물어보라.

"이 사람은 어떤 유형일까? 지금 이 사람에게 가장 중요한 욕구는 무엇일까?"

새로운 모험을 즐기는 사람에게 안정성만 강조하면 그는 따분해할 것이다. 대신 새로운 경험이 주는 설렘을 함께 이야기할 때 그는 당신에게 마음을 열 것이다. 반대로 안정을 중시하는 사람에게는 검증된 방법과 예측 가능한 결과를 차분히 제시하는 것이 마음을 움직이는 방법이다.

이처럼 상대방의 관점에서 세상을 바라보려는 노력, 즉 공감은 성공적인 리더십, 효과적인 영업, 지혜로운 육아, 그리고 행복한 관계를 여는 열쇠다. 상대방의 신발을 신고 그들의 길을 걸어보려는 진심 어린 시도가 진정한 소통의 첫걸음이다.

- **원칙 ⑧ 뇌와 몸을 끊임없이 단련하라**

    우리 뇌와 몸은 근육과 같다. 쓰지 않으면 쇠퇴하지만, 꾸준히 단련하면 나이와 상관없이 강인함을 유지할 수 있다. 실제로 수많은 연구가 이를 증명한다. 80대의 나이에도 새로운 책을 읽고, 낯선 길을 탐험하며, 생소한 취미에 도전하는 사람들은 젊은이 못지않은 인지 능력과 기억력을 발휘한다.

    신체 능력 또한 마찬가지다. 96세의 나이에도 보란 듯이 마라톤을 완주했던 인도의 파우자 싱 할아버지의 이야기는 우리에게 많은 것을 시사한다.

    그러니 오늘부터 시작해보자. 늘 가던 길이 아닌 새로운 길로 산책하거나 평소 쓰지 않던 손으로 양치질하는 사소한 습관 하나가, 당신의 뇌와 몸에 새로운 활력을 불어넣을 것이다.

- **원칙 ⑨ 단순함의 유혹을 경계하라**

    세상의 모든 문제는 복잡하다. 따라서 너무나 명쾌하고 단순한 주장을 마주한다면, 한 걸음 물러서서 의심해보아야 한다. 그런 주장은 대개 현실의 일부만 보여주거나 의도적으로 왜곡된 경우가 많기 때문이다. 특히 민감한 사안일수록 한쪽 입장만 절대적으로 옳다고 외치는 목소리는 더욱 경계해야 한다. 복잡한 문제는 대체로 양쪽 주장 모두 일리가 있다. 진정한 해법은 극단 사이에서 균형점을 찾는 데 있다.

이러한 균형을 찾기 위해서는 자신의 믿음에 도전하는 새로운 정보도 열린 마음으로 받아들일 용기가 필요하다. 우리는 누구나 확증 편향에 빠지기 쉽다. 자신의 신념과 일치하는 정보만 받아들이고, 반대되는 정보는 외면하려는 본능이다. 이 본능을 이겨내려면 의식적으로 다양한 관점을 탐색하고 선입견 없이 검토하는 노력이 필요하다. 세상을 더 깊이 이해하려는 이 작은 습관이 사고를 자유롭게 하고, 더 나은 결정을 내리는 데 큰 힘이 된다.

- **원칙 ⑩ 권력의 오용을 경계하라**

권력은 견제받지 않으면 필연적으로 부패한다. 깨어 있는 시민으로서, 권력이 공동체를 위해 올바르게 사용되는지 끊임없이 감시할 책임이 우리 모두에게 있다.

심리학적으로 강한 지배욕을 가지면서도 타인에 대한 공감 능력이 부족한 이들이 권력에 쉽게 매료되고, 이를 쟁취하는 경향이 있다. 이는 인간 사회의 자연스러운 현상이기에 권력의 집중과 남용을 막기 위한 제동장치는 선택이 아닌 필수다. 인류의 역사는 견제 없는 권력이 개인과 사회를 어떻게 파멸로 이끄는지 수없이 증명해왔다.

그러므로 삶 속에서 권력의 집중과 오용 가능성을 마주할 때마다 비판적 경계심을 유지해야 한다. 투명하고 공정한 절차 그리고 책임성을 요구하는 깨어 있는 시민의 역할이 건강한 사회를 유지하는 데 가장 중요하다. 작은 동호회든 회사든 더 넓은 사회든 상관없다. 그 안의 권력이 제대로 견제되고 있는지, 소수가 아닌 공동체 전체를 위해 사용되는지 감시할 책임은 우리 모두에게 있다.

자, 이제 우리의 이 길고도 흥미진진했던 여정을 마칠 시간이다. 당신은 라이프코드, 즉 우리의 감정적 프로그램이 얼마나 강력한지 보았다. 우리가 매일 내리는 아주 사소한 선택에서부터 인생 전체의 방향을 결정짓는 중요한 결정에 이르기까지 라이프코드의 보이지 않는 손길이 미치지 않거나 혹은 그 지배를 받지 않는 영역은 거의 없다. 무한한 욕망, 상반된 감정들이 만드는 극단 그리고 그 사이에서 균형을 찾아가는 우리의 모습이 바로 인간 삶의 본질이다.

이 책의 모든 이야기는 라이프코드와 연결되어 있다. 이는 나의 현재 위치를 파악하고, 타인의 다른 자리를 존중하며, 나와 세상을 위한 건강한 균형점을 찾는 여정이다.

통찰력 있는 인간은 이 원리를 삶으로 체득한 사람이다. 라이프코드에 맹목적으로 휘둘리지 않고, 그 작동 방식을 이해하며 더 의식적이고 자유로운 선택을 내린다. 이 지혜가 당신의 삶을 더 깊이 이해하고 풍요롭게 만드는 나침반이 되기를 바란다.

당신의 삶에 늘 행운, 성공, 그리고 조화로운 균형이 함께하기를 응원한다.

언제나 그렇듯이, 나는 비판과 제안을 환영한다. 내 이메일 주소와 더 많은 정보는 내 웹사이트 www.haeusel.com에서 확인할 수 있다.

참고문헌

Criado-Perez, C. (2020): 보이지 않는 여성: 데이터 중심의 세계가 인구 절반을 무시하는 방식. 뮌헨: btb

Bischof-Köhler, D. (2011): 태생적으로 다른: 성 차이의 심리학. 슈투트가르트: Kohlhammer

Häusel, H.-G. (2019): 림빅 사고! – 무의식의 힘을 경영과 판매에 활용. 프라이부르크: Haufe

Häusel, H.-G. (2011): Limbic® 접근법의 과학적 기초. www.haeusel.com (조회일: 2020년 6월 22일)

Häusel, H.-G. (2018): 성격 모델의 비교. www.haeusel.com (조회일: 2020년 6월 22일)

Macedonia, M. (2018): 움직여라! 그리고 당신의 뇌가 감사할 것이다. 비엔나: Brandstätter

감사의 말

이 책의 집필과 성공을 위해 도움을 주신 분들이 많다.

Judith Banse, Heiner Huss, Annegret Michalzik (모두 Haufe-Verlag 소속). 이 책을 가능하게 하고 큰 열정으로 실행해주신 팀에 감사드린다.

Juliane Sowah (교정자). 훌륭한 언어적 및 개념적 최적화에 감사드린다.

Liana Tuchel (그래픽 디자이너). 제목과 그래픽의 전체 디자인을 해주셔서 감사드린다.

Dr. Andreas Meyer (친구). 이 책이 만들어지는 과정에서 조언과 도움을 주신 것에 감사드린다.

Dexi (강아지). 함께 산책하는 동안 좋은 아이디어가 많이 떠올랐다.

이 책은 '50인의 비밀 독서단'과 함께 만들었습니다.

감사의 뜻으로 가장 먼저 이 책을 만나 가치를 더해주신
비밀 독서단 모두의 이름을 이곳에 새깁니다.
이 책을 펼쳐주신 모든 분께 감사드리며,
앞으로도 좋은 책으로 보답하겠습니다.

강민영	박지혜	이채연
고수영	박현순	장종호
김금진	백영미	전소희
김민구	북쓰고(고민경)	정지원
김성민	북클로이	정희
김수현(하놀)	서독서	조병기
김영동	성예진	조현민
김혜수	엄예영	조혜지
김혜진	연유정	주희
노마드혁	열정맥스	차한빛
더나은	염지원	책향
류은아	유시연	최원진
류채윤	윤대성	하헌일
문경진	윤성민	함대홍
박미란	윤지은	행복한의
박세호	윤혜숙	황인선
박재진	이다원	

다음 비밀 독서단 모집에 참여하고 싶다면
북타쿠 인스타그램(@book_ta_ku)을 팔로우해주세요!

라이프코드

초판 1쇄 발행	2025년 9월 3일
초판 7쇄 발행	2025년 9월 25일
지은이	한스-게오르크 호이젤
옮긴이	임다은
브랜드	필로틱
책임편집	성나현
편집	박현종, 경정은, 공혜민, 박수민
마케팅	김지우, 전유성, 하민지, 신민석
디자인	피포엘
문의	book@pudufu.co.kr
발행처	라이프해킹 주식회사
출판 등록	제2022-0000341호
주소	서울시 강남구 도산대로 207, 9층 1호 (신사동, 성도빌딩)
ISBN	979-11-993830-0-5 03400

○ 필로틱은 라이프해킹 주식회사의 출판 브랜드입니다.
○ 저작권법에 의해 한국 내에서 보호를 받는 저작물이므로 무단 전재와 복제를 금합니다.
  이 책 내용의 전부 또는 일부를 사용하려면 반드시 출판사의 동의를 받아야 합니다.